北京建筑大学"建筑大数据智能处理方法研究北京市重点实验室"资助出版

新型隔爆电动机设计与应用

XINXING

GEBAO DIA

SHEJI YU YINGYO

● 栾茹　著

化学工业出版社

·北京·

本书侧重于研究一种与蒸发冷却技术相结合的新型隔爆电动机，详细阐述了该新型电动机的研究基础、工程设计推导、理论数值仿真、试验分析、发明创造等，目的是解决目前我国隔爆电动机存在的问题，最后本书简要介绍了该新型隔爆电动机的应用情况，以此来提高我国重型装备制造水平。

本书可供电动机制造企业的工程技术人员、冶炼或矿山机械工业的工程技术人员以及其他使用防爆电动机的工程研究设计人员等使用，同时，也可作为与电气工程学科相关专业的高等院校、科研机构教师、研究人员、研究生等学习专业知识、拓展专业视野的参考书。

图书在版编目（CIP）数据

新型隔爆电动机设计与应用/栾茹著. —北京：
化学工业出版社，2018.5（2019.1重印）
ISBN 978-7-122-31761-2

Ⅰ.①新⋯　Ⅱ.①栾⋯　Ⅲ.①防爆电机-电动机-研究　Ⅳ.①TM357②TM32

中国版本图书馆 CIP 数据核字（2018）第 053029 号

责任编辑：高墨荣　　　　　　　　文字编辑：孙凤英
责任校对：宋　夏　　　　　　　　装帧设计：刘丽华

出版发行：化学工业出版社（北京市东城区青年湖南街 13 号　邮政编码 100011）
印　　装：北京虎彩文化传播有限公司
710mm×1000mm　1/16　印张 13½　字数 222 千字　2019 年 1 月北京第 1 版第 2 次印刷

购书咨询：010-64518888　　　　　　售后服务：010-64518899
网　　址：http://www.cip.com.cn
凡购买本书，如有缺损质量问题，本社销售中心负责调换。

定　　价：58.00 元

前言

　　蒸发冷却是由我国独创的一种新型的冷却技术，目前研制成功的两台840MV·A蒸发冷却水轮发电机，在世界瞩目的三峡电站已经无故障运行累计五年以上，另外50MW蒸发冷却汽轮发电机，也在我国的电力工业发展史上书写了自主创新的精彩一页，这些投入运行的机组呈现出的突出业绩，赢得了国内外电机行业人士的密切关注和国内电站业主的高度评价。但是蒸发冷却技术目前仅止于大型及超大型发电机，距离其广泛应用到所有电机设备上，还有很长的路没走，况且国内的大、中、小型各种异步电动机在各行各业中广泛应用，数量远超大型及超大型发电机，其中最需要改进的隔爆电动机，市场需求量与研发学术价值最大。所以，电机界一直期待着能有科技工作者将蒸发冷却技术应用到这些大大小小的各种电动机上，推动我国具备完全自主知识产权的蒸发冷却技术往前再迈几大步、再走更远的路。正是在这样的背景下，本书应运而生。

　　本书在内容上，主要侧重于采用蒸发冷却技术的隔爆型异步电动机，包括电动机的冷却原理、运行原理、减振降噪原理以及与之相关的绝缘、传热技术等；从工程设计层面上，本书详细推导了采用蒸发冷却技术的新型隔爆电动机的电磁设计计算过程，并与常规结构的同类型电动机进行比较性设计，充分说明蒸发冷却技术是解决隔爆电动机所存在的问题的一个有效的手段；从理论研究层面上，本书阐述了解决蒸发冷却隔爆电动机定子密封腔体内形成的气、液、固三相绝缘系统的温度场、电场、流体场的仿真计算问题，以及这些工程物理场耦合后的仿真计算问题，这在学术上尚属首次，为定子绝缘结构设计与密封腔体设计提供了理论基础；从试验研究层面上，本书详细描述了局部放电试验、传热试验，分析并验证了蒸发冷却方式构成的绝缘与传热系统的合理性与可行性，为隔爆电动机的发明创造奠定了坚实的基础。

本书在结构安排上，也是按照上述内容的前后顺序展开各章节的内容，研究背景为一个章节；研究基础为两个章节；工程设计为一个章节；理论研究为一个章节；试验研究为两个章节；紧随其后的六个章节是对隔爆电动机发明创造内容进行的阐述；最后一章节是对新型蒸发冷却隔爆电动机应用情况及价值的简介。

本书的主要内容出自笔者与中冶京诚湘潭重工设备有限公司的新产品开发部合作研究的项目，以及北京建筑大学主持完成的住房与城乡建设部面上科技计划项目。中冶京诚湘潭重工设备有限公司，是由世界500强的中国冶金科工集团有限公司和湖南华菱钢铁股份有限公司共同出资组建而成的中国重型装备制造业的典范。中冶京诚湘潭重工设备有限公司立足重型装备制造业，满足顾客在相关领域的需求，努力成为中国乃至世界重要的重型工业装备制造基地，公司自主创新研发的高端产品，如EL—系列矿用自卸车，居于国内领先水平。正是有了企业的自主创新、研发新产品的魄力与动力，才取得了本书所呈现的研究成果。书中所有的拍摄照片、电动机参数等均系中冶京诚湘潭重工设备有限公司的肖富凯总工程师以及新产品开发部人员提供，没有这些资料，无法完成本书，所以在本书问世之际，向这些合作者表示敬意和诚挚的谢意。本书在完成过程中，引用和参考了书后列出的参考文献，在此对这些作者表示真诚的谢意。

由于从事工程科学研究的资历还比较浅，水平有限，加之所整理的研究资料、成果等尚不够全面，书中难免有不足甚至不妥之处，敬请广大读者批评指正。

著者

目录

第1章 绪论 ·· **1**

1.1 防爆电动机与蒸发冷却技术历史简介 ··········· 1

1.2 隔爆电动机的定义 ······························· 4

1.3 隔爆电动机的冷却方式 ·························· 5

1.4 隔爆电动机的振动与噪声 ······················ 7

   1.4.1 电动机振动与噪声的来源 ················· 7

   1.4.2 隔爆电动机振动噪声的严重性 ············ 8

参考文献 ··· 9

第2章 大型电机的蒸发冷却技术研究基础 ·········· **11**

2.1 引言 ·· 11

2.2 常规定子绝缘结构对蒸发冷却电机的限制 ······· 11

2.3 蒸发冷却介质简介 ······························ 13

2.4 蒸发冷却定子绕组直线部分的绝缘与传热 ········ 14

2.5 1200kV·A 全浸式自循环蒸发冷却汽轮发电机的研制及

   运行 ··· 17

   2.5.1 引言 ······································ 17

   2.5.2 1200kV·A 全 F-113 自循环蒸发冷却汽轮发电机介绍 ··· 18

   2.5.3 发电机的试验及运行 ···················· 19

   2.5.4 结论 ······································ 20

2.6 蒸发冷却电机定子绝缘结构的模拟试验及结论 ····· 21

   2.6.1 本次试验目的和要求 ···················· 22

   2.6.2 试验装置 ································· 23

   2.6.3 试验数据整理及曲线 ···················· 25

   2.6.4 试验结果分析 ···························· 29

   2.6.5 结论 ······································ 30

2.7　定子绝缘材料的表面闪络试验 ·············· 31

2.7.1　试验目的和要求 ·············· 31

2.7.2　试验装置 ·············· 32

2.7.3　试验数据整理 ·············· 33

2.7.4　试验结果分析 ·············· 34

2.7.5　结论 ·············· 34

2.8　补充试验 ·············· 35

2.8.1　补充试验说明 ·············· 35

2.8.2　试验材料的具体信息 ·············· 35

2.8.3　试验数据整理 ·············· 35

2.8.4　结论 ·············· 37

本章小结 ·············· 37

参考文献 ·············· 38

第3章　蒸发冷却电机定子绝缘体系及其传热的分析 ········ 40

3.1　引言 ·············· 40

3.2　卧式蒸发冷却电机定子绝缘与传热系统的组成 ·············· 41

3.3　电机蒸发冷却技术方案的种类 ·············· 43

3.4　复合式绝缘系统的电场分布特点 ·············· 43

3.4.1　复合式绝缘系统的介电常数和电场强度遵循的规律 ·············· 43

3.4.2　提高耐电压水平的条件 ·············· 45

3.5　定子大空间与复合式绝缘结构的传热规律 ·············· 45

3.5.1　定子铁芯及绕组端部的传热 ·············· 46

3.5.2　定子绕组直线部分的传热 ·············· 46

3.6　卧式蒸发冷却电机定子绝缘结构的设计原则 ·············· 47

本章小结 ·············· 48

参考文献 ·············· 48

第4章　大中型蒸发冷却隔爆电动机的电磁设计 ············ 50

4.1　引言 ·············· 50

4.2　1120kW蒸发冷却隔爆电动机概述 ·············· 51

4.3　1120kW蒸发冷却隔爆电动机的样机电磁设计 ·············· 51

4.3.1　常规结构的1120kW隔爆电动机的电磁设计 ·············· 51

4.3.2　1120kW蒸发冷却隔爆电动机的电磁设计 ·················· 58

4.3.3　新型隔爆电动机蒸发冷却空间的设计 ···················· 82

4.4　1120kW隔爆电动机的新型结构与常规结构的比较 ·············· 84

本章小结 ·· 86

参考文献 ·· 86

第5章　新型隔爆电动机定子温度场、电场与冷凝器工效的研究 ··································· **87**

5.1　引言 ··· 87

5.2　浸泡式蒸发冷却定子温度场的数值计算 ······················ 88

5.2.1　定子最热段三维温度场的仿真计算模型 ················· 88

5.2.2　计算定子中的热源分布 ······························· 90

5.2.3　定子铁芯、绕组内涡流场与热场的耦合计算 ············· 91

5.2.4　表面沸腾换热系数和等效热传导系数的确定 ············· 93

5.2.5　浸泡式定子温度场的计算结果 ························· 94

5.2.6　新型电动机启动及过载后的温度分布情况 ··············· 97

5.3　浸泡式定子槽内的电场数值计算 ···························· 99

5.3.1　定子槽内二维电场的建模 ····························· 99

5.3.2　浸泡式定子槽内的电场计算结果 ····················· 101

5.4　风冷凝管内外三维流体场温度的数值计算 ··················· 102

5.4.1　风冷管道流体场的建模 ····························· 103

5.4.2　风冷管道流体场的温度分布结果 ····················· 104

本章小结 ··· 110

参考文献 ··· 110

第6章　蒸发冷却定子主绝缘减薄的局部放电试验研究 ··· **113**

6.1　引言 ·· 113

6.2　蒸发冷却介质与绝缘质量的评定 ··························· 114

6.3　试验中的定子模型 ··· 115

6.4　高压试验装置 ··· 117

6.5　试验实施过程 ··· 118

6.6　试验结果及现象的分析 ····································· 118

6.6.1　主绝缘厚度为4mm的局部放电试验记录 ·············· 118

6.6.2 主绝缘厚度为 2mm 的局部放电试验记录 ·············· 120

6.6.3 主绝缘厚度为 1.8mm 的局部放电试验记录 ··········· 121

6.6.4 主绝缘厚度为 1.6mm 的局部放电试验记录 ··········· 122

6.7 试验研究结论 ···································· 123

本章小结 ·· 124

参考文献 ·· 124

第 7 章 浸泡式蒸发冷却定子模型传热试验的研究 ·········· 126

7.1 引言 ·· 126

7.2 试验设备及组成 ·································· 127

7.3 传热试验过程与分析 ······························ 129

7.3.1 传热试验记录之一 ··························· 130

7.3.2 传热试验记录之二 ··························· 132

7.3.3 传热试验记录之三 ··························· 134

7.3.4 传热试验记录之四 ··························· 135

7.3.5 传热试验记录之五 ··························· 136

7.4 传热试验研究的结论 ······························ 138

本章小结 ·· 140

参考文献 ·· 141

第 8 章 蒸发冷却隔爆电动机内置式冷凝结构 ············· 142

8.1 引言 ·· 142

8.2 现有冷凝器的弊端 ································ 143

8.3 现有蒸发冷却结构的局限性 ························ 145

8.4 内置式冷凝器的技术方案 ·························· 145

8.4.1 内置式冷凝与密封的原理 ····················· 146

8.4.2 内置式冷凝与密封的结构 ····················· 147

8.5 内置式冷凝器的优势 ······························ 148

本章小结 ·· 149

参考文献 ·· 149

第 9 章 蒸发冷却隔爆电动机内置式冷凝的密封结构 ········· 150

9.1 引言 ·· 150

9.2 现有结构存在的问题 ······························ 151

9.2.1　现有结构介绍 ·· 151

9.2.2　现有结构的弊端 ·· 152

9.3　新型的定子内置式冷凝密封结构 ································ 152

9.3.1　密封结构之一 ·· 152

9.3.2　密封结构之二 ·· 153

9.3.3　密封结构之三 ·· 156

9.4　新型的定子内置式密封结构的优势 ······························ 158

本章小结 ·· 158

参考文献 ·· 158

第10章　蒸发冷却隔爆电动机定子端部的密封 ·············· 159

10.1　引言 ·· 159

10.2　现有结构存在的问题 ·· 160

10.3　新型的定子端部密封结构 ······································ 161

10.3.1　密封技术的分析 ·· 161

10.3.2　新型密封结构的技术原理 ·································· 162

10.3.3　具体实施方式 ·· 165

10.4　新型的定子端部密封结构的优势 ································ 169

本章小结 ·· 170

参考文献 ·· 170

第11章　蒸发冷却隔爆电动机的转子冷却结构 ·············· 171

11.1　引言 ·· 171

11.2　现有蒸发冷却电机转子冷却结构的弊端 ······················ 172

11.3　基于定子蒸发冷却的转子冷却结构 ···························· 173

11.3.1　原理与结构 ·· 173

11.3.2　具体实施方式 ·· 175

11.4　新型转子风冷却结构的优势 ···································· 179

本章小结 ·· 179

参考文献 ·· 179

第12章　蒸发冷却隔爆电动机的优化设计 ·················· 180

12.1　引言 ·· 180

12.2　常规结构优化设计的弊端 ······································ 182

12.3　基于蒸发冷却介质的优化原理　·································· 184

12.4　基于蒸发冷却介质优化设计的完整技术方案　··············· 185

　　12.4.1　基于蒸发冷却介质优化设计的过程　··············· 185

　　12.4.2　基于蒸发冷却介质优化设计的适用范围　··········· 189

12.5　基于蒸发冷却介质优化设计的优势　·························· 189

本章小结　·· 189

参考文献　·· 189

第 13 章　蒸发冷却隔爆电动机密封腔体内灌液面的控制

··· **190**

13.1　引言　··· 190

13.2　密封腔体内灌液面控制的技术背景　····················· 190

13.3　现有的密封腔体内灌液面控制方法的弊端　············· 191

13.4　蒸发冷却隔爆电动机密封腔体内灌液面控制的完整

　　　技术方案　··· 192

　　13.4.1　控制原理　··· 192

　　13.4.2　控制的实施过程　······································· 193

13.5　密封腔体内灌液面控制方法的优势　······················ 196

本章小结　·· 196

参考文献　·· 197

第 14 章　新型隔爆电动机在工业驱动领域中的应用　········· **198**

14.1　新型隔爆电动机样机　··· 198

14.2　新型隔爆电动机在驱动冶炼鼓风机中的应用　··········· 200

14.3　新型隔爆电动机在矿山机械中的应用　···················· 202

第1章

绪 论

1.1 防爆电动机与蒸发冷却技术历史简介

人类在使用电动机从繁重的劳动中解放出来的过程中，面临各种复杂、险峻的工作环境，其中不乏充满粉尘、瓦斯、飞絮、燃油、燃气等易燃易爆物质的恶劣而危险工作环境，所以，在 20 世纪初，人类研制出了能够抵御这些易燃易爆物质的密封性电动机，即防爆电动机。从电动机整个发展历程来看，防爆电动机代表着一个国家先进的电动机设计与制造水平，最先制定出电动机防爆标准的，是德国工业界，从而奠定了以德国为代表的各种防爆型电动机欧洲系列，始终处于世界领先的地位。

我国从新中国成立初期比较薄弱的工业基础上起步，起点就定位在电动机的自主设计与生产能力上，经过 30 多年的发展壮大，于 20 世纪 80 年代可以完全独立制出与当时国际水平相当的大型防爆电动机，并形成了 YA 与 YB 两大防爆系列产品。在接下来的 30 多年里，欧美等发达国家对电气设备的防爆问题都投入了很大的研究力量，每年都取得了可观的研究成果，具体到防爆电动机上，表现在动力学、燃烧学、电力电子技术、控制技术等方面的研究成果，他们的防爆电动机效率越来越高。而这期间，我国在防爆电动机设计方面却没有取得突破性进展，导致一直落后于德国等防爆电动机工业最发达的国家，主要的问题出现在两个方面。

① 我国的电动机，包括防爆电动机，效率低。据统计，"九五"期间，我

国在用电动机消耗的电能约占全国发电量的 70%，其中防爆型电动机占比超过一半，是最大的耗能大户。所以，从国家"十五"规划开始，将电动机节能降耗列为重要的发展任务，展开了对全国各行各业在用电动机进行的更新换代，落实到防爆电动机上，监管部门主要对电动机绝缘、防护等级、定转子绕组的启动温升与应力、电动机整体的稳定温升等大幅度提高了要求，需要改进防爆电动机的绝缘与冷却。但是，从近十多年的改进效果来看，防爆电动机的绝缘结构、冷却结构设计似乎已经走到了极限，绝缘材料一律采用最高的 F 级（甚至 H 级）而温升采用较低的 B 级来计算，导致防爆电动机的体积较大、材料利用率低、性价比不高。究其原因，笔者认为，是常规绝缘结构与冷却结构，成为了防爆电动机进一步提高设计水平的瓶颈。

② 我国的防爆电动机振动噪声等级居高不下，与最发达国家差距较大。防爆电动机目前基本上采用通风冷却，在电动机运行过程中，自身引起的振动会产生噪声及额外的损耗，风扇及气流运动摩擦会产生一定的机械损耗及较大的噪声，这些振动与噪声对周围环境造成严重的生态污染，同时对机械设备的运行造成明显的影响。举例来说，在防爆电动机使用最普遍的纺织行业里，大家都深有体会，一进入纺织车间，一阵阵巨大的嘈杂声音鼓噪耳膜，令人难以忍受，这种高分贝的噪声除了一部分来自于纺织机本体，更多是来自于驱动纺织机运行的防爆电动机；在大型露天矿山采掘工地，只要发动由防爆电动机驱动的铲车，整个工地噪声隆隆；在冶炼车间，只要启动鼓风机，因振动与强力风扇引起的刺耳噪声扑面而来，还会引起其周围设备的共振。所以，控制防爆电动机的振动与噪声也是我国整个电机行业发展不能回避的现实课题，刻不容缓。

既然常规或者传统的绝缘结构与冷却结构限制了防爆电动机制造水平的提高，广大工程技术人员与科研人员正想方设法利用新结构、新材料、新工艺进行改进性突破。在人们不断探索采用新的冷却介质、新材料、新工艺以提高效率、减振降噪的整个电机发展过程中，一种起初不被看好、却具备相当发展优势的新型冷却方式与绝缘结构悄然而稳步地成长壮大起来，这就是本书专门要研究的蒸发冷却结构，这种结构自提出以来，一直使用在大型水轮和汽轮发电机上，本书首次将其应用到防爆电动机上。

中国科学院电工研究所独立自主、坚持不懈地开创了蒸发冷却大型电力设备的新型冷却技术。从理论基础性公式推导与修正，到大量相关性试验的反复论证，都进行了充分必要而扎实的技术储备。自 20 世纪 70 年代以来，与我国产业部门合作，先后研制成功 1.2MW、50MW 蒸发冷却汽轮发电机和

10MW、50MW、400MW 蒸发冷却水轮发电机，以及实验室自用的蒸发冷却变压器，最令人瞩目的是在世界上最大的水电站，三峡电站，也有两台由我国自主研制成功的 840MV·A 蒸发冷却水轮发电机分别于 2011 年、2012 年投入使用，这些电机经多年运行证明，各台机组均呈现出安全可靠、技术、效益优异、性能稳定、运行管理简便的特点，特别突出的是各台电机的定子绕组温升低且分布均匀，以出色业绩赢得了国内外电机界和电站业主的高度评价，从而奠定了蒸发冷却是继空冷、氢冷、水冷之后的又一种更为先进的大型电力设备的冷却方式的基础地位。在蒸发冷却电机，特别是蒸发冷却卧式电机产业化发展的过程中，研究人员发现蒸发冷却技术不仅可以降低电机的整个体积与损耗、提高功率密度、材料利用率与效率，而且还可以显著降低电机的振动噪声，最有说服力的例证是一台已经使用很长时间的船上驱动用蒸发冷却异步发电机，该电机的电流密度与磁通密度均为同类电机的最高值，使得该电机整体体积与占用空间是同类电机中的最小，进而可以很方便地安装在空间狭窄的船舱内，不仅如此，由于该电机的整个定子都浸泡在蒸发冷却密封腔体里，该电机运行时，蒸发冷却介质阻止了定子的各种振动，进而显著降低了噪声，使得该电机的振动噪声是同类电机中的最低与最优。这一现象说明，蒸发冷却技术不仅适用于解决大型或超大型发电设备的冷却问题，还可以利用其效率高、低振动噪声的优势解决驱动用电动机的能耗与振动噪声问题，而我国的防爆电动机目前正需要解决这两个问题，所以，完全有必要来研究如何将蒸发冷却技术应用到防爆电动机上，力争实现我国的防爆电动机制造水平赶超世界一流。

　　接下来面临的挑战是，蒸发冷却技术尽管已经成熟地应用到大型或超大型发电设备若干年了，但是，以防爆电动机为代表的驱动用电动机，从其内部的定、转子结构、工作原理、电磁场分布规律，到其外围机壳、机肋的冷却结构都与大型或超大型发电设备有很大差别，不能照搬已经取得实效的大型或超大型发电设备的蒸发冷却技术，必须重新研究设计蒸发冷却防爆电动机。这项研究工作涉及电磁学、传热学、流体力学、振动学等等多个学科，是多学科交叉的、学术价值高、研究难度大的学术问题，目前已经取得了阶段性成果。本书围绕这项研究工作详细阐述了研究内容及取得的研究成果，并介绍这些研究成果在实际的冶炼、采矿等工业生产中的应用。

1.2 隔爆电动机的定义

根据皮-萨电磁定律，将电能转变为机械能，从而带动负载按照一定轨迹自动运行的装置，称为电动机。参见图 1-1 所示的结构剖面图，异步电动机由旋转的转子、静止的定子、风扇、机壳等组成。机壳主要包括机座、出线盒、端盖等，对电动机内部的各个结构部件起到防护作用。一般普通的空冷异步电动机，由于风扇需要与机壳外通风换热，轴承与端盖之间要留出很大的空隙作为通风道，这种机壳防护形式为开启式，若空隙很小，机壳防护形式为防护式。前已述及，对于处在充满粉尘、瓦斯、飞絮、燃油、燃气等易燃易爆或者有爆炸性危险的环境下的异步电动机，由于是带电运行的设备，一旦其内部的带电部位有星星点点的电火花，就会引起爆炸，后果严重。可见，对于这样的危险环境，必须采取防护等级高的机壳，即密封性与抗破坏性很强的机壳结构，这种结构的防护形式为防爆式，这种带有防爆式防护形式的异步电动机，称为防爆电动机。

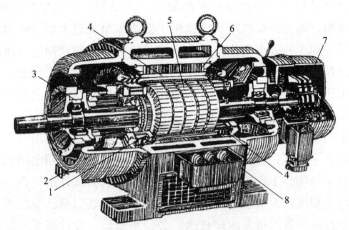

图 1-1 异步电动机剖面图
1，5—转子；2—端盖；3—轴承；4，6—定子；7—风扇；8—出线盒与机座

在行业内，根据不同的防爆要求，防爆式电动机的种类有隔爆型、增安型、正压型与无火花型四种防爆电动机，其中隔爆型电动机防护等级最高。按照我国的行业标准，隔爆电动机是指机壳外部无明显的接缝与连接结构，机壳能够承受住通过机壳内表面任何接合面或结构间隙进入机壳内部的爆炸性混合物在内部爆炸而不损坏，同时其内部火花不会引起机壳外部由一种、

多种气体或蒸气形成的爆炸性气体环境的点燃，即隔爆电动机的机壳是全封闭式、坚固性极强结构。所以，隔爆电动机的机壳是该种类电机区别于其他各类异步电动机的最主要标志。

1.3 隔爆电动机的冷却方式

隔爆电动机是普通卧式电机中的一种，所以，介绍一下卧式电机的冷却方式。在电机运行期间，内部各部件上的温度应始终保持在绝缘材料和金属材料所允许的限度以内，为此必须将运行时电机内部各部件上由于能量转换、电磁作用和机械转动摩擦所产生的损耗热，传递给周围运动的冷却介质（常规如空气、氢气、油、水或其他介质等）。为了保证大型卧式电机的冷却效果，通常进行整体密封处理，冷却介质还要将吸收的热量传递给专门的冷凝器，通过冷凝器内的热交换后，上述损耗才能转移到电机外。与立式电机相比，卧式电机的热负荷要高出许多，所以慎重选择、设计冷却方式对于卧式电机尤为重要。

一般冷却方式与电机的功率、尺寸、电磁负荷损耗密度有关，与冷却介质的物理性能参数及其与发热部件接触的方式有关，与电机所用的绝缘材料等级及金属材料的热物理性能有关，还与电机的效率、经济性和寿命有关。为了提高电磁负荷和材料的利用率，最好的途径是增大单机容量，这主要是依靠电机冷却技术的改进来实现的。比如中小型卧式电机绝大部分是采用强迫空气流动冷却电机，而在大型电机中，冷却方式随容量、转速、电压等级的不同而不同，经过生产实践长期累积基本上逐步形成了一定规律，由于不同国家、不同制造企业具体条件和生产水平的差异，大型电机冷却方式的划分又存在很大的差别。现以汽轮发电机为例，隔爆电动机与此类似，可以参考，世界各国针对不同电机容量已有冷却方式的划分情况，见表1-1。

表1-1 常用汽轮发电机冷却方式一览表

冷却方式									
定子绕组	空气	氢	水	氢	氢内	水	水	水	油内
转子绕组	空气	氢内	水	氢	氢内	氢内	水	水	水
定子铁芯	空气	氢	空气	氢	氢	氢	氢	水	浸油
容量范围/MW	≤50	50~240	50~200	50~110	100~800	240~1100及以上	500~1100及以上	240~1100及以上	240~500

使用地区	世界各国	世界各国	中国	世界各国	美国、德国	美国	德国	英国、德国	俄罗斯

根据冷却介质的不同，卧式电机的冷却方式可以分成空气冷却、氢气冷却及水冷却等几种，这些均是发展比较成熟了的常规冷却方式。

（1）空气冷却系统

一般小型异步电机多采用闭路循环系统，小型同步电机和直流电机及中型电机则采用开路循环系统。在风路设计上以轴向系统居多，也有采用的是径向和轴向混合的系统。不论采用何种风路系统，利用空气冷却的电机共同特点是，结构比较简单，成本较低，冷却效果较差，特别是在高速卧式电机中，引起的摩擦损耗很大，所以在我国 50MW 以上的电机很少使用空冷方式。但是，10MW 以下电动机的大部分仍然主要采用空气冷却，而直流电机中，空冷几乎是其唯一的冷却方式。

（2）氢气冷却系统

用氢气代替空气作为冷却介质，主要是因为氢气具备热导率大、密度小、不助燃、抑制电晕等优点。最初氢气冷却仅限于绕组表面，但绝缘层内的温度下降很小，这导致氢外冷冷却效果不十分理想。随后开始出现在实心铜线中加进若干根空心不锈钢管，让氢气从钢管中流过以导出铜线的热量，即定子氢内冷方式，还可以将绕组由实心铜线改为空心铜线制成。到目前为止，氢内冷电机形式繁多，现在世界各国生产的 500MW 以下汽轮发电机，氢冷占重要地位。但氢冷也有其不利一面，如需要增加专门的供氢设备和控制设备，进而增加了额外的投资与维修费用，其通风系统结构也较空冷系统复杂，而且在一定条件下，还可能发生爆炸。

（3）水冷却系统

如果将水的电导率控制在一定的极限之内，水是非常好的冷却介质，它具有较大的质量热容和热导率。在大型电机中，用水冷却绕组时，是让水从制成空心的绕组铜线内流过，用水冷却铁芯时，在铁芯的轭部加装冷却水管来带走热量。但是，在上述的水系统中，一旦水发生泄漏，将极大威胁到电机的绝缘系统，导致恶性的故障。

上述三种冷却方式的冷却效果呈递级式增强，与之相应的是电机主要参数线负荷的增大、定转子电流密度也明显增加，表1-2给出的是卧式电机不同冷却方式下的热负荷。

表1-2 不同冷却方式卧式电机的热负荷

冷却方式	空冷	氢外冷	氢内冷	水冷
定子电流密度 J_1/(A/mm²)	2.5~3.5	3.5~4.5	6~8	8~12
线负荷 A_s/(A/mm)	500~600	600~800	1000~1300	1800~2400
A_sJ_1	1600~2000	2100~3600	500~9000	12000~25000
转子电流密度 J_2/(A/mm²)	3~5	4~4.5	5~8	8~12
定子热负荷 q_1/(W/cm²)	0.405	0.7~1.0	1.2~2.4	3~5

表中线负荷的变化对电机设计的总体水平意义重大，若线负荷增加，则交、直轴电抗即 X'_d、X'_q、X''_d 增大，随之电机动态稳定性下降，为了弥补这种下降，在提高线负荷 A_s 的同时，气隙磁密 B_δ 也应提高，气隙长度也应增大，这样可以得到较高的电机利用系数，则在不增加材料的基础上可以提高单机容量，或者在同等容量等级下减小电机的主要尺寸与体积，这时电机定转子铜耗虽然相应增加，但只要强化冷却技术，能够使材料消耗降低，电机的效率也会提高。在以往的常规卧式电机中，相比较而言，全水冷所用的材料最少，氢－水冷次之，空冷电机消耗的材料最多。

1.4 隔爆电动机的振动与噪声

1.4.1 电动机振动与噪声的来源

电动机的振动噪声来自于三个原因，一个是电磁振动，一个是机械振动，一个是空气动力噪声。

电磁振动是由于气隙磁场作用于电动机定转子铁芯产生电磁力所激发，该电磁力又称为激振力。根据电动机的工作原理，交流电流通过定转子上的绕组，产生各自的旋转磁动势，并共同合成了气隙磁场，这是一种以基频为主要成分，还含有少量高频成分的旋转运动电磁波，在这样气隙电磁波的作用下，在定子铁芯齿上产生的电磁力分成径向和切向两个分量，而径向分量电磁力使定子铁芯产生振动变形，同时发出很强的电磁噪声；切向分量是与电磁转矩相对应、实现机电能量转化的作用力，它使齿对其根部弯曲并产生局部振动变形，是产生电磁噪声的次要来源。当电动机气隙的径向电磁力波频率与定子径向的固有振动频率相同时，电机发生激烈的共振，并伴有强烈的噪声，所以，在设计电动机时一定要想方设法使其固有频率避开气隙的电磁力波频率。

机械振动和噪声包括以下几种情况：电动机转子机械上不平衡产生的振动与噪声、轴承振动产生的噪声、受轴承激振而产生的端盖轴向振动与噪声、电动机一些附件之间的摩擦振动与噪声等等，这部分只占电动机总的振动噪声的很小一部分，与电磁振动、空气动力噪声相比，可以忽略不计。

空气动力噪声是由自通风风扇或者具有外部通风设备的风扇和电动机转子旋转时产生的，包括旋转噪声和涡流噪声。当风扇旋转时，叶片周期性打击空气，引起其周围空气压力脉动，发出旋转噪声；当风扇的叶片转动使其周围气体产生涡流，由于黏滞力的作用，这些涡流又会分裂成一系列小涡流，涡流跟涡流的分裂时使空气产生扰动，形成稠密和稀疏的振动，发出涡流噪声，其频率正比于气流的速度。不同结构、不同容量的电动机，空气动力噪声在电动机总噪声中的占比是不一样的。

1.4.2　隔爆电动机振动噪声的严重性

本书要研究的隔爆电动机，是应用于冶炼、矿山机械等行业的驱动系统，要求这些电动机具备大功率、大力矩、高防爆等级等性能，即电压等级高、电流密度大、效率高、机壳强度与密封性高等，这就为冷却结构设计带来了很大的难题。电流密度大，意味着电阻损耗大，热负荷高；电压等级高，意味着电动机定子绝缘厚，散热困难，再加上机壳密封性好，在高的热负荷下，更加剧了电动机内的高热量积聚程度，如果不采用大功率风扇来生成强风，会很难把热量散发出来，控制住电动机内的温升。图 1-2 为一台大功率隔爆电动机的照片，从中可以看出，为了把电动机内部的热量及时带出来，采用了大型强力冷却风扇，并兼顾到了电动机整体的密封隔爆性，将强力风扇装备到与机壳关联的引风罩内，具体的风路冷却结构在后续章节里详细说明。但是这样设计冷却结构的后果是，高速旋转的气流猛烈撞击引风罩，引发较大的振动并发出高分贝尖锐刺耳的噪声，实测结果表明，隔爆电动机的空气动力噪声在其总噪声中的占比超过一半强，为主要成分。不仅如此，为了提高效率和功率因数，隔爆电动机的气隙一般要取得略小些，这又导致气隙谐波磁场及径向电磁力波的增大，而加剧电磁振动与噪声。因此，如前所述，对于大工业生产领域里使用的驱动用大型隔爆电动机，其引起的振动与噪声要远高于一般普通的异步电动机。

其内安装有强力风扇的引风罩

图 1-2 隔爆型异步电动机的引风罩及其内部风扇

解决上述问题的有效方法，应该是在现有基础上采用新材料、新结构、新工艺等创新性手段，本书正是出于这样的目的来研究隔爆电动机的新型绝缘结构与冷却结构。

参考文献

［1］朱孟华，吴尚辉. 10kV 电机成型绕阻 H 级绝缘结构［J］. 防爆电机，2010，45（152）：45-46.

［2］张文. 15MW 正压型电机的设计与研制［D］. 上海：上海交通大学，2014.

［3］王文喜，王秉桓，朴吉峰. IP65 小型防爆电机的结构设计［J］. 防爆电机，1999，34（99）：22-24.

［4］苗峰，李建生. YZR3 起重及冶金用绕线转子三相异步电动机的研制［J］. 防爆电机，2005，40（122）：46-48.

［5］苗峰，李建生. YZR3 起重及冶金用绕线转子三相异步电动机的研制（续）［J］. 防爆电机，2005，40（123）：45-48.

［6］宁玉泉，钟长青. 大型感应电动机的离散优化设计［J］. 中国电机工程学报，1993，17（2）：129-133.

［7］宁玉泉，钟长青. 大型三相感应电机电磁设计程序［J］. 大电机技术，1996（2）：31-57.

［8］宁玉泉，钟长青，陈锡芳，吴志彬，刘来安. 大型三相感应电机电磁设计程序［J］. 东方电机. 1995（4）：99-105.

［9］阮琳. 大型水轮发电机蒸发内冷系统的基础理论研究及自循环系统的仿真计算［D］. 北京：中国科学院研究生院，2004.

［10］宁玉泉，钟长青. 大型异步电动机的离散优化设计［J］. 大电机技术，1996（6）：28-56.

[11] 陈伟华，黄国治，罗应立. 电磁计算程序（第二版）的最大转矩、启动性能计算 [J]. 中小型电机，1992，19（6）：6-10.

[12] 赵红宇，吴长康. 防爆电动机的概况和发展趋势 [J]. 防爆电机，2010，45（152）：47-50.

[13] 佳木斯防爆电机研究所. 防爆电动机的设计改进 [J]. 防爆电机，1994，29（79）：21-22.

[14] 张畔. 防爆电机生产过程质量控制策略的研究 [D]. 重庆：重庆理工大学，2014.

[15] 韩淑玉，常艳芹. 粉尘防爆电动机防爆结构要点 [J]. 防爆电机，1997，32（92）：1-7.

[16] 王亚峰，韩立，谭春宇. 基于 π 型精确等效电路的三相异步电动机电磁计算程序改进及其探讨 [J]. 电机技术，2003（3）：3-5.

[17] 陈伟华，黄国志. 基于精确等值电路的异步电机第二版电磁计算程序 [J]. 中小型电机，1992，19（1）：2-23.

[18] 温志伟. 基于数值分析的大型同步电机内温度场的研究 [D]. 北京：中国科学院电工研究所，2006.

[19] 李志常. 佳木斯电机股份有限公司防爆电机系列产品市场营销策略研究 [D]. 吉林：吉林大学，2015.

[20] 葛隽，何闻. 晶体管水冷散热器的热分析及仿真研究 [J]. 机床与液压，2008，36（5）：161-164.

[21] 王晓文. 起重及冶金电动机产品发展趋势及建议 [J]. 防爆电机，2002，37（110）：1-3.

[22] 郭卉. 牵引变压器的优化设计及蒸发冷却技术在电磁除铁器和变压器方面的应用研究 [D]. 北京：中国科学院电工研究所，2005.

[23] 阎洪峰. 卧式蒸发冷却电机楔形气隙内流体流动和传热问题的研究 [D]. 北京：中国科学院电工研究所，2003.

[24] 雷鸣. 增安型电机 K_2、b_2 系数的理论推导 [J]. 电气防爆，2001，36（4）：8-10.

[25] 吴敬法，靳芝. 增安型防爆电动机的优化设计及有关 t_E 时间的几个问题 [J]. 爆炸性环境电气防爆技术，1998（131）：14-16.

[26] 栾凤飞，余顺周，国建鸿，王海峰. 蒸发冷却技术在大功率整流装置中的应用 [J]. 电网技术，2009，33（19）：137-142.

[27] 许春家. 正压型防爆电机的防爆原理与设计 [J]. 防爆电机，2008，43（143）：8-16.

大型电机的蒸发冷却技术研究基础

2.1 引言

本书提出的新型隔爆电动机，是建立在大型蒸发冷却发电机的基础上，是将在大型发电设备上应用成熟的蒸发冷却技术推广到大、中型异步电动机上，特别是发热与振动噪声问题较严重的隔爆电动机上，所以，有必要先介绍一下大型发电机上蒸发冷却技术的研究基础。

用传热学的理论来判断，利用液体汽化传递热量具有最好的冷却效果与温度分布。采用蒸发冷却技术的大型发电机正是将汽化传热这一物理现象应用于电机中，开创了三种常规冷却方式之外的第四种冷却方式——蒸发冷却。这种蒸发冷却电机主要在定子上实施新型冷却技术，以此突破了以往的常规电机定子绝缘结构，也是新型隔爆电动机的产生基础。

2.2 常规定子绝缘结构对蒸发冷却电机的限制

电机中对定子绝缘的要求如下：

① 使定子线圈中的电流按规定的路径流动，保持耐电压性能。

② 将损耗产生的热量散发掉。

绝缘结构的设计根据电机产品的技术条件或使用来确定结构形式、选用绝缘材料和采用合适的绝缘工艺，从而满足上述要求，使产品达到技术上先进和经济上合理。绝缘结构运行中应具有所要求的耐热等级，足够的介电强度，优良的力学性能和良好的工艺性，并在规定的运行期间其性能不下降到影响电机安全运行的水平。随着大型发电设备单机容量的增长，电机额定电压亦相应提高，这就对绝缘提出了更高的要求。

电机定子的常规绝缘结构一般选用耐电性能优良和厚度均匀的粉云母为本体，力学性能、电性能和耐热性能较好的环氧树脂做胶黏剂，薄形玻璃布做补强材料，构成了云母体系绝缘。从工艺方法上可归纳为：少胶浸渍型绝缘和多胶模（液）压型绝缘。绝缘工艺实现手段上具有代表意义的有整体浸渍型和非整体浸渍型两大类：

① 整体浸渍型：以环氧玻璃粉云母少胶带（或中胶带）包扎，白坯下线后整个定子真空压力浸渍无溶剂环氧漆。该技术又称 VPI。绝缘整体性好、机械强度高、传热性也较好，是当今大型电机中各项指标最优的绝缘处理工艺方法。

② 非整体浸渍型：以环氧玻璃粉云母多胶带包扎（有的用云母箔卷烘），模（液）压固化，下线后整个定子在常态下浸渍或浇无溶剂聚酯或环氧漆。这种工艺容易实现，已经被国内电机制造企业成熟掌握，但可靠性不如前者：a. 多胶带在高温下比少胶带失效快；b. 经过这种工艺处理可能会在主绝缘内或主绝缘与槽之间留下空气隙，既影响传热，又易引起日后空气隙的游离放电。

无论采用哪一种绝缘结构和工艺，定子线棒只能由外包的固体绝缘材料承担全部的对地主绝缘作用。这就一方面要求绝缘应具有较高的工频瞬时或短时击穿强度，另一方面也要求其能长期耐受工作场强，再加上长期的机械、热和电应力作用。在考虑主绝缘厚度时，要根据电机的额定电压，给予一定的储备系数 k_i，即新线圈的工频瞬时击穿电压 U_ϕ 与电机的相电压 U_φ 之比。在正常的工艺条件下，各电压等级的电机主绝缘的储备系数如表 2-1 所示。

表 2-1　各电压等级的电机主绝缘的储备系数

额定电压/kV	储备系数 k_i
6.3～10.5	＞10
13.8～15.75	≥8.5
18～20.0	≥7.5
20.0～24	≥7

因隔爆电动机与汽轮发电机同属于卧式电机，定子绝缘结构很接近，所

以这里着重说明蒸发冷却汽轮发电机的定子绝缘结构研究过程。

汽轮发电机的铁芯一般比较长，制造和运行中绝缘的机械损伤较严重，因此其主绝缘厚度要取得大一些。例如：定子水内冷的汽轮发电机的常规绝缘结构，10.5kV 等级主绝缘厚度为 4.5mm；20kV 等级主绝缘厚度为 6.5mm。这样的厚度若不采用铜导线管道内冷方式直接带走铜损耗的热量，主绝缘层内外温差非常大，见式 (2-1)，水内冷汽轮发电机的定子热流密度往往高达 0.03～0.05W/mm²，而 TOA 环氧多胶粉云母带的热导率为 0.25W/ (m·K)，假定热量全部由绝缘层散出，将这些数值代入式（2-1）算出的温差 $\Delta T = 540$～780K，如此大的温升，即使绝缘表面温度为 0℃，铜线内的温度却已相当可观了，早已将绝缘层炭化，电机根本不能正常工作。所以，若采用常规冷却方式，电机要么降低热负荷即容量，要么从导线内部冷却，而对于蒸发冷却汽轮发电机，鉴于其铁芯比较长，需要采用浸润式，即带电部分采用实心铜线，将整个定子用蒸发冷却介质进行浸泡，这就意味着铜损耗生成的热量全部由绝缘层散出，为此，必须要减薄绝缘层厚度，也就是要打破常规绝缘厚度的瓶颈制约，充分实现蒸发冷却的先进性。

$$\Delta T = \frac{q_v \delta}{\lambda_c} \times 10^3 \tag{2-1}$$

式中　ΔT ——温差，K；

　　　q_v ——热流密度，W/mm²；

　　　δ ——绝缘层的厚度，mm；

　　　λ_c ——热导率，W/ (m·K)。

2.3　蒸发冷却介质简介

常规冷却方式多采用对流换热，即利用空气、氢气或者水等流体流过发热体表面时所发生的热量交换，将发热体进行冷却。蒸发冷却原理利用液态冷却介质蒸发汽化呈沸腾状态时，吸收大量周围的热量，从而达到降低电机定子温升的目的。经典的传热学理论以牛顿冷却公式为其基本计算式，即：

$$\Phi = hA\Delta t_m \tag{2-2}$$

式中，Φ 为换热的热流量；h 为表面传热系数；A 为换热面积，Δt_m 为换热面上的平均温差。

由于冷却介质沸腾换热的表面传热系数远大于对流换热的表面传热系数，导致汽化的换热数值明显大于对流换热数值，所以蒸发冷却的效果在几种冷却方式中最好。不仅如此，冷却介质在常温下呈液态，击穿电压略高于变压器油，绝缘性能优良，兼备低沸点、不燃、不爆等性质。表 2-2 中列出了几种介质的物性参数。试验证明液态或气液两相态的冷却介质击穿后，只要稍降低一点电压，就可以自行恢复绝缘性能，再击穿的电压值并无明显下降，除非在连续数十次击穿后，引起大量炭化，击穿电压值才逐渐降低。正是由于蒸发冷却介质具备优质的绝缘性能，才为后续章节所研究的绝缘减薄结构提供了可能性。

表 2-2　蒸发冷却介质的电、热性能参数

性 能 参 数	冷　却　液			
	R-113 （氟利昂过度品）	FF31-A （氟利昂替代品）	FF31-L （氟利昂替代品）	Fla （氟利昂替代品）
击穿电压 U/kV	37	55	44	40
介电系数 ε	2.4	1.87	1.711	1.9
介电损失角正切 $\tan\delta$	0.006	0.002	0.0005	0.0001
沸点/℃	47.6	80～85	50～60	68～70
液体密度/（g/cm³）	1.553	1.728	1.63	1.74
蒸发潜热/（kcal/kg）	33.9	20	20	27.74
黏度 $v/（10^{-6}\,\text{m}^2/\text{s}）$	0.638	0.976	0.976	0.50
液体热导率 $\lambda/［\text{w}/（\text{mm}\cdot\text{K}）］$	0.0836	0.059	0.059	—

注：1cal＝4.183J，下同。

蒸发冷却介质并不只限于该表中的所列，用于发电机蒸发冷却的冷却介质数量不必很多，但选择蒸发冷却介质时，根据上述的介绍，需要考虑满足的要求是：① 介电强度高；② 汽化点适宜；③ 化学性质稳定；④ 不助燃，无爆炸危险；⑤ 无毒，无腐蚀性；⑥ 当实现自循环时，可以不需要外部功率。

2.4　蒸发冷却定子绕组直线部分的绝缘与传热

由 2.2 节中可以看出，如果定子仍然采用常规绝缘结构、绝缘厚度不改，仅仅采用对绕组外表进行浸润式蒸发冷却是行不通的，而常规的导线内直接冷却结构是不得已而为之。若取消内冷，采用实心铜线作为载流体，必须重新设计蒸发冷却下的定子绝缘。

设计一种绝缘结构，包括采用新材料，需要与冷却紧密结合在一起考虑，二者相辅相成。对此，中国科学院电工研究所在 20 世纪 70 年代初期，曾做过不同绝缘材料对电机绕组蒸发冷却过程强化的试验，当时可用的蒸发冷却介质只有 F-11。过程详见参考文献［15］［16］，此处只做简单介绍。

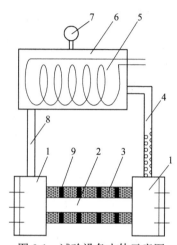

图 2-1　试验设备本体示意图

1—储液槽；2—试验管；3—蒸发器；4—蒸气连通管；
5—冷却水管；6—冷凝器；7—压力表；8—回液管；9—垫环

试验设备如图 2-1 所示，由蒸发器及冷凝器组成，蒸发器为一个 $\phi40 \times 5 \times 170$ 的有机玻璃管，中间沿轴线放置一个 $\phi18 \times 160$ 的试验管，该管借助于均匀分布的、厚 5mm 的 8 个垫环支撑在蒸发器中间，并全浸在换热介质 F-11 中，换热介质的液位保持在连通管内能看见的位置即可，整个装置是一个封闭性系统，并在期间产生换热介质的自循环过程。试验管被加热后，将热量传递给换热介质 F-11，使其呈蒸发沸腾状态，F-11 蒸气穿过储液槽和蒸气连通管进入冷凝器。在冷凝器中，蒸气与冷却水管内的自来水进行热交换、被冷凝成液体，然后又通过回液管回到了储液槽进入了蒸发器，完成了换热介质的整个循环过程。压力表主要起对冷凝器内的气压监视的作用。试验管是该试验的主要热源：在一根 $\phi18 \times 2 \times 160$ 的紫铜管内埋两只 300W 内热式电烙铁芯，这两只铁芯并联，试验过程中总加热功率最大达到 300W。在烙铁芯两端填上石棉线以起到绝热的作用，然后焊上 0.2mm 的铜皮作为封头。最后，两端各浇上厚为 20mm 的环氧树脂，以减少端部热损失并同时起到电绝缘和固定引出线的作用，装配后的试验管结构示意图见图 2-2。为了研究不同绝缘材料对沸腾换热过程的影响，研究人员分别在铜管外壁以半叠绕的方式缠上白丝带、玻璃丝带，这两种材料属于具有毛细孔的绝缘材料，然后分别进行测量并与裸铜管测量的结果进行比较。上述试验数据经过必要的计算与整理后列在表 2-3 中。

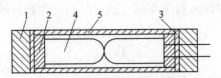

图 2-2　试验管内部结构示意图

1—环氧树脂封头；2—石棉绳封头；3—铜皮封头；4—加热元件；5—铜管

表 2-3　两种不同绝缘材料对绕组蒸发冷却过程强化的比较

测　点	裸 铜 管			缠白丝带管			缠玻璃丝带管		
	q_F /(W/m²)	Δt/℃	α/[W/(m²·℃)]	q_F /(W/m²)	Δt/℃	α/[W/(m²·℃)]	q_F /(W/m²)	Δt/℃	α/[W/(m²·℃)]
1	1660	2.31	720	1626	1.33	1219	1652	0.9	1836
2	2420	2.48	976	2680	1.98	1352	2209	1.00	2209
3	3380	2.94	1150	3170	2.05	1546	3310	1.05	3152
4				4270	2.42	1767	4190	1.14	3690
5	4910	3.11	1578	5260	2.15	2450	5000	1.23	4060
6	6330	2.90	2321				6510	1.46	4472
7				7160	2.16	3312	7880	1.66	4750
8	9100	2.82	3228	9180	2.26	4060	8820	1.77	5000
9	11260	2.68	4200	11420	2.31	4950	11300	2.12	5350
10							12420	2.17	5710
11	14260	2.78	5130	15110	2.71	5580	14610	2.26	6474
12	19570	2.67	7330				18400	2.08	8850
13	22380	3.39	9350	20020	2.64	7586	12700	1.73	12520
14				23160	3.00	7725	24300	2.32	10480

从上表中可以看出，当热负荷较低时，以低于 15000W/m² 为例，在绕组外面缠上白丝带或玻璃丝带都能对换热起到强化作用，其中包玻璃丝带比包白丝带对换热强化的效果更显著；在热负荷低于 7000 W/m² 时，包白丝带管的换热能力比裸铜管约提高 41%，而包玻璃丝带管的换热能力比裸铜管约提高 157%。说明在绕组外包具有毛细孔的绝缘材料，会强化对绕组的蒸发冷却过程。另外，试验过程中的细致观察也完全说明了这一结果。试验时，在同

样较低的热负荷时，裸铜管只有个别汽化核心并产生直径较大的气泡，包上毛细材料后管上会明显地出现较多的汽化核心，且气泡脱离直径小。可见，包有毛细材料的绕组外表有利于汽化核心的形成，减小气泡脱离直径，提高气泡产生的频率，进而强化了沸腾换热。

该试验的结论是：

◆对于蒸发冷却而言，在电机绕组外面适当地缠上具有毛细结构的绝缘材料，会强化换热过程。

◆由于电机绕组的热流密度比试验中所取的热流密度低得多，这种强化过程将更为显著。

◆铜线的绝缘层与冷却介质的适当配合，不仅可以充当主绝缘，而且提高了传热效率。

2.5　1200kV·A 全浸式自循环蒸发冷却汽轮发电机的研制及运行

2.5.1　引言

在 2.4 节中的研究结论基础上，北京电力设备总厂和中国科学院电工研究所于 1974—1975 年承担了蒸发冷却汽轮发电机试制样机的研制工作。当时该任务被列为北京市重点科研项目和国家级科研项目。

从 1974 年 1 月到 1975 年 8 月 15 日，仅仅一年零八个月时间就完成了定子、转子单件发热试验以及空载、短路、断水振动等试验，完成了样机模型试验、设计、试制、总装及整机试车，于 1975 年 12 月 23 日正式并入电网做满负荷及超负荷 150％的试运行，性能良好。标志着研制成功我国也是世界上第一台 1200kV·A F-113 自循环蒸发冷却汽轮发电机，为探索电机冷却新途径，迈出了新的一步。

这台电机采用了与常规电机差别较大的结构，解决了适应蒸发冷却特点的定子、转子密封、槽内冷却等问题，创造了新的结构和工艺，所有不成熟的部件都经过了严格的模型试验，保证了整机试验一次成功。

该机于 1975 年 2 月至 1976 年 3 月以及 1985 年 3 月、1990 年，在北京电力设备总厂内进行了分阶段运行考验，并进行了全面的测量，证明了此冷却方式原理的正确性、机组设计的合理以及工艺结构的可靠性。它的定子与转子各自成一个独立的冷却系统，也可以与其他冷却方式组合，它既是新冷却方式的大型汽轮发电机的雏形机组，也为其他用途的大中型异步感应电动机提供了体积小、重量轻、运行可靠的实用机型。

2.5.2 1200kV·A全F-113自循环蒸发冷却汽轮发电机介绍

(1) 蒸发冷却介质的选择

考虑了绝缘材料的耐热及寿命，二次冷却水的年平均进水温度是30.5℃以及正常运行的压力要适当，最好选择50～70℃左右的蒸发温度。介质还应具备稳定的物理化学性能、高绝缘性能、好的传热性与流动性。综合这些因素后该电机确定选用了F-113，当时使用的是上海曙光化工厂的产品，其特性见表2-4。

表2-4 1975年国产蒸发冷却介质F-113的特性

分子式	CCl_2FCClF_2	膨胀系数（液体）	在30～45℃，0.001281/K
分子量	187.4	动黏滞系数	在25℃，0.42Pa·S
沸点	47.6℃	介电系数（液体）	在30℃，2.44
凝固点	−35.0℃	介电系数（气体）	在56℃，1.010
临界温度	214.1℃	介质电损失角（液体）	≤0.6%
临界压力	33.7atm（绝对，1 atm＝101325Pa，下同）	液体绝缘击穿电压	在25℃，37kV/2.5mm
液体密度	在25℃，1.54g/cm³	气体绝缘击穿电压	在47.6℃，28kV/2.5mm
饱和蒸气密度	在47.6℃，7.399 g/cm³		

在了解了上述特性的基础上，又专门对蒸发冷却介质进行了绝缘性能的测试。用筒形容器来盛装液体介质，用2.5mm标准间隙油杯进行耐压试验，发现有些筒内含水，耐压强度自2.0～44kV之间变化，但经两层滤纸过滤后液体介质的耐压强度可以达到55kV左右，高出特性表2-4中所列的绝缘击穿电压。

(2) 电机结构的特点

这台电机是将定子、转子分别做成两个单独的冷却系统，完全密封起来，结构方案完全是创新设计的。为了保证稳妥可靠，对于不成熟的部件结构、设计数据，科研人员进行了若干次模拟试验，包括定子冷却模拟、定子导体包毛细材料传热模拟、转子冷却低速模拟。经过模拟试验，确定的定、转子结构分别介绍如下：

a. 定子腔的密封及定子绕组　在铁芯腔内圆侧装入一个玻璃钢补筒，两端与端盖固紧并密封，构成一个封闭性定子侧空间，包括铁芯、绕组等所有结构部件全部密封其中。单体装备后，经 $2kgf/cm^2$（$1kgf=9.80665N$，下同）压力的 F-113 抗压气密试验，并经真空保持检查，密封相当可靠，端盖及机座侧面开八个观察孔，以便观察内部蒸发情况，冷凝器装在顶部。

因为采用了全浸式冷却结构，定子绕组不必用空心导线，全部采用实心线，取消了原来的主绝缘，代之以绸带，F-113 既是冷却介质又起绝缘作用。定子内九个部位埋设了测温电阻，五个部位埋设了热电偶测液体温度。

b. 转子腔体密封及槽内导体　转子腔体密封件也采用了玻璃钢筒，套装在转子本体外圆上，两端与护环连接并密封，护环与心环、心环与水箱等均需密封。单体装配后，用冷却介质 F-113 做 $2kgf/mm^2$ 表压的密封试验，然后将液态 F-113 充入转子密封腔体内做 3600r/min 的超速试验。

转子槽底各放一根带散热片的空心铜管，作为冷凝管，两端与进出水箱联结，构成一个旋转冷凝器，槽内导体与对地绝缘间留出冷却道，导体与冷凝管间还要留出少许冷凝空间。

设计完成后电机的主要数据列于表 2-5 中。

表 2-5　1200kV·A 卧式蒸发冷却电机的主要数据

形式	容量	电压	转速	频率	cosφ	效率 η
全浸自循环蒸发冷却	1200kV·A	400V	3000r/min	50Hz	0.8	95.45%

2.5.3　发电机的试验及运行

为了保证整机试验顺利进行并积累经验，在组装前分别对定子和转子进行了运行状态的单件发热试验。组装后再进行空载短路试验、转子断水等试验，并做长期并网运行。以下着重介绍定子侧的研究性试验及机组整体的运行情况。

（1）定子单件发热试验

将定子三相绕组串联起来，以直流电源供给 75%、100%、125%、150%、175% 额定电流值，每种电流情况下改变五次冷却水量。等稳定后测取各处读数，以观察定子带负荷后的情况。经过连续 72h 试验，试验过程及情况如下：

① 定子抽真空后，灌 F-113 液体至汇流环上部，开始试验。

② 在给定电流及二次水量后，经过 1h，温度稳定，记录各个测点的数据。

③ 定子各处的温度经过比较，分布比较均匀，基本上与冷凝器压力所对应的饱和温度相差不到 6℃。

④ 在某一电流时改变二次冷却水量，当水量增大时冷凝压力减小，各处温度也随之下降。因此调节水量可改变内部压力与温度。

⑤ 当电流一直增大到 175％额定电流时，冷凝器工作仍正常，各处温度也正常。当继续增大到 200％额定电流时，发现温度上升比较显著，再增大二次冷却水量已效果不大，说明冷凝器达到了饱和。如要继续增大负荷，必须加大冷凝器容量。

⑥ 槽内及铁芯段的流通道都比较好，在 175％额定负荷前，流动情况良好，冷却效果很好。直到 200％额定负荷时冷凝器达到饱和，各处温度普遍升高。这时横向槽内绕组温度升高最快，估计是横向槽内的流动条件较差而引起。

（2）并网运行及试验

整机在临时电站试运行，采用异步电动机启动，自同期并网做调相方式运行，在满负荷 1200 kV·A 下进行两个月试运行；并在 130％、159％额定负荷时，做 48h 以上的试验。定子转子温升均很正常，试验数据与单件试验时相符合。因为做调相运行，转子励磁电流比做发电机运行时要大。

两个月的试运行期间内，因为经常停电、机组停机，启动并网操作频繁，竟达 20 次之多，机组本身一直很正常。

2.5.4　结论

通过第一阶段 1200 kV·A 蒸发冷却汽轮发电机的研制与运行，已证实了"自循环蒸发冷却技术"应用在汽轮发电机上是可以实现的。并且同其他冷却方式比较，可以看到的主要优点是：

（1）冷却效果好

使用高绝缘性能的介质，采用了全浸式的冷却结构，充分发挥了蒸发冷却的特点，使电机内部所有分散的发热部件都得到了充分冷却，因此冷却效果全面。通过试验可以看出电机定子、转子的平均温度在 50℃（与蒸发冷却介质的沸点温度相对应）左右，而且内部温度均匀。因此，它的独特之处在于消除了其他冷却方式内部结构件的局部过热点，解决了其他冷却方式，如双水内冷，向更大容量发展时难于解决的铁芯冷却问题。

（2）损耗减少、效率高

减少铁芯冷却通道，提高铁芯有效利用，缩短了定子绕组的长度，将空心铜管改为实心铜线，减少了附加损耗。取消风扇，采用光滑圆筒，减少了风摩损耗。定转子冷凝器二次冷却水进出水温度可以达到 15～20℃以上，而其他冷却方式冷凝器是 5℃左右，经过对比二次耗水量，按单位损耗计算可以减少到 1/3～1/4。因此总效率可提高 0.1%左右。

（3）结构简单、节省材料、维护方便

与氢冷相比省去了制氢设备与旋转氢密封装置，与水冷相比，在电机内部把分散的水接头及大量的聚四氟乙烯绝缘管，改用单一集中的密封，节省了材料及工时，也不需要定期更换绝缘引水管。在电机外部省去了外部水循环及净化系统，成为一个单一化的冷却系统。因此类似启动、停机等非正常运行都比氢冷、水冷简单；运行条件相当于空冷机组，对电站自动化、运动化提供了有利条件。只要密封良好，可以长期运行而不需要检修内部。再进一步研究定子绝缘结构，可以比较容易解决防晕问题，并有可能因使用其他可再生绝缘材料而大量节省云母绝缘，可以改善工人劳动条件。

（4）安全运行

蒸发冷却转子，冷却液柱不高，产生的离心压力不高，不像水冷转子，水柱造成的离心压力超过 100atm，对空心铜线、绝缘水管、水接头密封的材料工艺要求严格。蒸发冷却电机的冷却液是一种化学物理性能、绝缘性能良好的液体，本身不燃烧、不爆炸，且具有无火、无弧的性能，这样可以抑制发电机内部事故扩大。

蒸发冷却技术自诞生之日起，只有在这台样机上，真正实现了蒸发冷却介质既起高效的传热作用、又起良好绝缘作用的设想，尽管机组研制的年代距今已经久远，当时的某些处理技术今天已经过时，但是毫无疑问该机组为以后的绝缘结构研制工作奠定了坚实的理论、实践基础。

2.6　蒸发冷却电机定子绝缘结构的模拟试验及结论

通过 1200 kV·A 蒸发冷却汽轮发电机的试制和运行，初步证实了汽轮发电机采用蒸发冷却是可行的，并具有一系列优点。但由于它的额定电压很低

（仅 400V），因此必须对高电压下蒸发冷却电机的绝缘结构进行探讨。北京电力设备总厂和中科院电工研究所共同进行了定子绝缘结构的击穿和电晕试验，以求为适合电机蒸发冷却的绝缘结构提供依据。

2.6.1　本次试验目的和要求

考虑到对定子绝缘结构的一般要求和电机蒸发冷却的特点，设计这次试验时侧重于对定子的电气强度（击穿）和电晕进行试验和探讨。

（1）击穿

本次试验采用的是 20 世纪 70 年代常用的沥青云母带连续绝缘，按照老文献《高电压工程》第二卷上的介绍，当击穿概率为 50％时旋转电机的击穿电压及击穿电场强度如表 2-6 所示。

表 2-6　不同额定电压等级定子绝缘的击穿电压及击穿电场强度

额定电压/kV	击穿电压/kV	工作场强／（kV/mm）	击穿场强／（kV/mm）
6.0	51	1.7	17.9
10.5	63	2	17.9
15.75	75.6	2.1	14.5

在 20 世纪 50 年代时，某些额定电压 11kV 的汽轮发电机定子绝缘击穿电压的变化情况是：20℃时在 65～76kV 击穿；100℃时在 50～60kV 击穿。随着绝缘的改进，采用胶环氧粉云母时其击穿电场强度比以上数值更高。在一般电机制造厂内为考虑工艺上的损伤及老化等影响，要求绝缘强度在未放入定子槽内时按一定的高标准来考核，该标准应为额定电压的 7 倍，这一数据是按以下原则考虑得到的：

① 线圈下线的敲打损失 10％，达到热态又下降损失 15％，试验电压升高到击穿是短时的，实际上高于 1min 1.2 倍，最后考虑 20 年在电、机械、热的作用下，绝缘水平降为原来的一半，则击穿电压 U_{np} 应为

$$U_{np} > \frac{2U_{NH} \times 1.2}{0.5 \times 0.85 \times 0.9} = 6.27U_{NH}$$

上式中的 U_{NH} 为额定相电压，故而高标准考核应为 7 倍。

② 在制造过程中的检查性试验，对于电机容量在 10000kV·A 以上，额定电压在 6kV 以上的考核电压等级为：a.线圈绝缘好之后，$2.75U_{NH}+6500$；b.下好线但未接头，$2.5U_{NH}+5000$；c.接好头及引出线，$2.25U_{NH}+4000$；

d. 总装好，出厂试验后（热态下），$2U_{NH}+3000$。

当时按照实际情况，蒸发冷却电机定子可以有两种绝缘结构供选择：

a. 仍利用常规主绝缘，这样击穿电压值应当和一般电机一样，无需再进行试验，而主要问题将是：

ⓐ 带常规主绝缘能否将热量散出？如温升过高，则需将绕组内部加冷却通道，这需要进行外部传热和内部冷却通道传热的试验。

ⓑ 在主绝缘层的间隙中，由于 F-113 的介电系数与固体绝缘不同是否会产生电晕？

b. 采用新的绝缘结构：充分利用 F-113 的高绝缘性能（液体的击穿场强是 37kV/25mm），使它可以承担一部分电机主绝缘的作用，这样既可以省下一部分固体绝缘材料，又加强了冷却。新绝缘结构的设想是：定子槽内上层导体和下层导体分别包耐 F-113 的绝缘材料聚酰亚胺，其厚度视电压等级而定，通过固定间隔放置垫板，由槽楔通过垫板压紧在槽内。

对后一种 b 结构必须得出其击穿电压值，同时考虑其电晕情况。

（2）电晕

在电机槽内由于绝缘材料不是单一的，其介电系数各异，而使得电场强度相差很大，再加上硅钢片不可能非常整齐和出槽口毛刺等处的尖端效应，有可能在电机内产生电晕。一般绝缘结构为解决此问题，在绕组外部包有半导体防晕层。如采用架空式绝缘结构则防晕层不可能按常规方式处理，因此必须先找出其起晕电压数值，达到在工作条件下消除电晕的目的。由于 F-113 对不均匀电场比较敏感，但随压力的升高其起晕电压和击穿电压均有所增加，尤其在气态时比较明显。因此必须对上述所列的 b 方案进行试验研究。

一般电机工作时，蒸发冷却介质是在气、液两相的混合状态下，为观察方便，试验模型密封装置被制作成了有机玻璃筒，整个试验分成气态、液态、气液混合态，在这三种状态下进行，以求出在不同物理状态下的，以及在不同压力、不同条件下的击穿和起晕电压值。

2.6.2　试验装置

试验装置示意图见图 2-3、图 2-4，概述如下：

导杆 2、3 是用环氧酚醛板外裹铝皮制成用以模拟定子导线，安置于槽模拟装置 1 中，导杆 2 通过弹簧片接到升压器（即高压磁瓶）的高压端，导杆 3 通过弹簧片接地，同时接于内加热装置。槽模拟装置 1 是由两壁、上盖和底

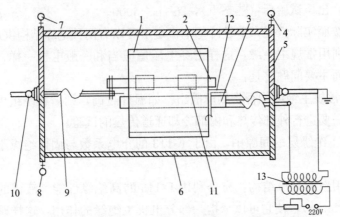

图 2-3　新型架位式定子绝缘结构的试验装置示意图
1—槽模拟装置；2，3—导杆；4—压力表；5—酚醛板端盖；6—有机玻璃筒；7，8—阀门；
9—弹簧片；10—高压磁瓶；11—架位；12—聚酯薄膜（或者聚酰亚胺薄膜）；13—内加热装置

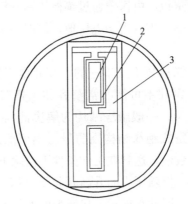

图 2-4　新型架位式定子绝缘结构试验装置的横截面图
1—导杆；2—架位内包的绝缘材料；3—架位

板构成。为了观察方便，上盖用有机玻璃制成。两壁内部压入铜网以模拟定子槽，铜网和底板连接后再通过螺钉接地，由于开始试验时铜网使出槽口尖端放电严重，后面的试验在槽口边缘部分表面贴铝箔，但是在试验中又发现铝箔太薄容易损坏，槽内仍与实际情况相差甚远，最后将两壁改为铝板，每间隔 0.6mm 创 0.3mm 宽的槽以模拟实际硅钢片突出部分。固定导杆上开始缠的是绸布带，并以环氧板架空，以增加爬电距离，但这样拆装很不方便，后就改为有机玻璃架位，按照图 2-4 所示结构进行装配，在架位内包聚酯薄膜以增加爬电距离，架位的间隙即为定子绕组的主绝缘厚度，可以调节。由于聚酯薄膜爬电性能较差后改为聚酰亚胺薄膜，以保证不在架位处击穿。整个槽模拟装置安放于有机玻璃筒 6 中，两端用酚醛板 5 压以橡胶圈密封，通过阀门 7、8 排出空气和灌入 F-113 液体，并以压力表 4 测定其内部压力。

为保持内部压力恒定，开始采用外加热，即将整个室内加热，后为加快速度将导杆 3 改装，见图 2-3 中的 13，在其上边缠上电阻丝以实现内部加热。

在进行试验时先将密封装置内的压力调整到 760mmHg（1mmHg＝133.322Pa，下同），然后将过滤好的 F-113 灌入密封装置内，采用内加热或外加热以升高筒内的压力，记下击穿或起晕电压的数值。再根据需要改变导杆与槽壁的距离，即架位的间隙，相当于改变主绝缘的厚度，得出不同距离下的击穿、起晕电压与距离的关系。

测试设备采用校正过的 50kV 和 65kV 升压器，外加热用室内不可调的电阻丝通电发热，内加热用调压器和升降压变压器来调节图 2-3 中 13 上的电阻丝发热，压力表精度为 2.5 级。

2.6.3　试验数据整理及曲线

试验数据的整理按照蒸发冷却介质的物理状态，分成气态、液态、气液混合态三种情况完成。

（1）气态

首先整理出蒸发冷却介质呈气态时的起晕电压与介质压强之间的关系，见图 2-5。架位的间隙即主绝缘距离为 6.85mm，间隙内充满的是 F-113 蒸发冷却介质。分三种试验条件完成，试验条件 1 是用有机玻璃做架位，架位内包聚酯薄膜，槽壁为有机玻璃压铜网，采取外加热；试验条件 2 是用有机玻璃做架位，架位内包聚酯薄膜，槽壁为有机玻璃压铜网并在出槽口贴铝箔，采取内加热；试验条件 3 是用有机玻璃做架位，架位内包聚酰亚胺薄膜，槽壁为铝板，采取内加热。

然后整理出蒸发冷却介质呈气态时的起晕电压与主绝缘距离之间的关系，见图 2-6，其中横坐标为主绝缘距离 d，单位为毫米（mm）。该结果的试验条件是气态压强为 $0.29\text{kgf/cm}^2$❶，用有机玻璃做架位，架位内包聚酯薄膜，槽壁为有机玻璃压铜网，采取外加热。

根据起晕情况又进一步完成了击穿电压与介质压强、主绝缘距离的关系。如图 2-7 所示，为击穿电压与介质压强的关系曲线，架位的间隙即主绝缘距离

---

❶　$1\text{kgf/cm}^2＝98.066\text{kPa}$，下同。

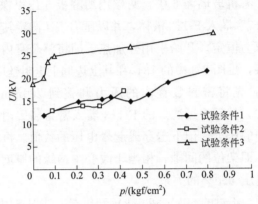

图 2-5　气态下起晕电压与介质压强的关系

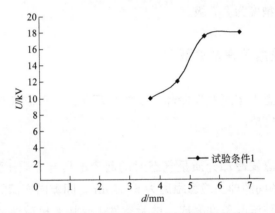

图 2-6　气态下起晕电压与主绝缘距离的关系

为 6.85mm，同样分三种试验条件完成，试验条件 1 是用有机玻璃做架位，架位内包聚酯薄膜，槽壁为有机玻璃压铜网，采取外加热；试验条件 2 是用有机玻璃做架位，架位内包聚酯薄膜，槽壁为有机玻璃压铜网并在出槽口贴铝箔，采取内加热；试验条件 3 是用有机玻璃做架位，架位内包聚酰亚胺薄膜，槽壁为铝板，采取内加热。

如图 2-8 所示，为击穿电压与主绝缘距离的关系曲线，试验分两种条件完成，试验条件 1 是气态压强为 0.29kgf/cm^2，用有机玻璃做架位，架位内包聚酯薄膜，槽壁为有机玻璃压铜网，采取外加热；试验条件 2 是气态压强为 0.3kgf/cm^2，用有机玻璃做架位，架位内包聚酯薄膜，槽壁为铝板，采取内加热。

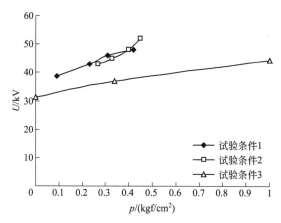

图 2-7　气态下击穿电压与介质压强的关系

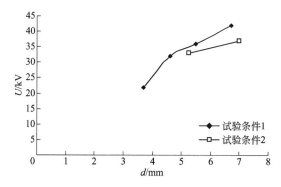

图 2-8　气态下击穿电压与主绝缘距离的关系

（2）液态

整理出的是击穿电压与介质压强、主绝缘距离的关系。在图 2-9 所示的击穿电压与介质压强的关系曲线图中，列出了两个试验条件，它们相同的试验情况是架位的间隙即主绝缘距离为 6.85mm，试验条件 1 是用环氧板做架位，槽壁为有机玻璃压铜网，采取外加热；试验条件 2 是用有机玻璃做架位，架位内包聚酰亚胺薄膜，槽壁为铝板，采取外加热。

在图 2-10 所示的击穿电压与主绝缘距离的关系曲线图中，试验条件是液体压强为 0.6 kgf/cm²，用有机玻璃做架位，架位内包聚酯薄膜，槽壁为铝板。

（3）气液混合态

整理出的仍是击穿电压与介质压强、主绝缘距离的关系。在图 2-11 所示的击穿电压与介质压强的关系曲线图中，试验条件 1 是架位的间隙即主绝缘距离为 7mm，用环氧板做架位，槽壁为铝板，采取内加热；试验条件 2 是架

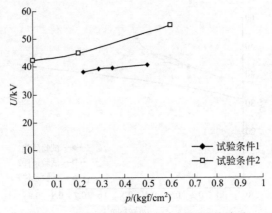

图 2-9　液态下击穿电压与介质压强的关系

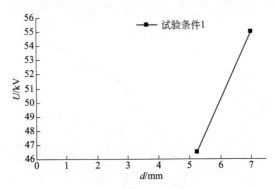

图 2-10　液态下击穿电压与主绝缘距离的关系

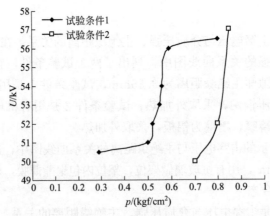

图 2-11　气液混合态下击穿电压与介质压强的关系

位的间隙即主绝缘距离为 5.25mm，用有机玻璃做架位，架位内包聚酰亚胺薄膜，槽壁为铝板，采取内加热。

　　在图 2-12 所示的击穿电压与主绝缘距离的关系曲线图中，试验条件是气液混合态的压强为 0.55 kgf/cm²，用有机玻璃做架位，架位内包聚酰亚胺薄膜，槽壁为铝板。

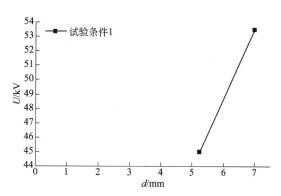

图 2-12　气液混合态下击穿电压与主绝缘距离的关系

2.6.4　试验结果分析

　　对于上述所列的图 2-5～图 2-12 试验结果，试验研究人员的分析是：

　　① 根据实际试验情况，多在出槽口处发现电晕，这是由于出槽口处的铜网相当于针尖电极，其起晕电压很低，贴铝箔后改善了电场条件，使之接近线状电极，在同一情况下气态起晕电压大为提高，约提高 8～10kV。改用铝板后，完全为一线状电极，其起晕电压又大为增加，以致只有在零压或压力很低时才能看到电晕。

　　② 由于上述试验是在 20 世纪 70 年代中期完成的，当时的观察测量手段比较落后，大部分是用眼睛观察，故所得到的测量数据比较分散，但分散度不大，基本落在曲线的 ±2kV 以内。

　　③ 气态起晕电压随压力加大而升高，这是由于气体密度增加使电介质极化困难，压力每升高 0.1 kgf/cm²，起晕电压约增加 1～1.5kV。

　　④ 起晕电压随距离增加而升高，这是由于随距离增加，主绝缘内电场强度 E 下降，距离每增加 1mm，起晕电压约升高 2～3kV。

　　⑤ 液态介质在有机玻璃压铜网时，只有在负压下才出现电晕，在负压 180mmHg 时起晕电压为 27.2kV，负压 300mmHg 时为 24kV。改用铝板做槽

内壁后,负压 300mmHg 加到 35kV 击穿,负压 130mmHg 加到 40kV 仍未见电晕。这可能因为电晕的产生要具备一定的温度条件,而液态和气液混合状态下的 F-113 只要不是针尖电极产生电晕就比较难。

⑥ 气态击穿电压随距离增加几乎成直线关系增加。

⑦ 液态击穿电压随压力升高成直线关系增加,压力每增加 0.1 kgf/cm² 击穿电压升高 15kV 左右。

⑧ 槽壁为铝板比槽壁为有机玻璃压铜网的击穿电压在同一介质压力下高约 8~12kV,这是因为铝板比铜网的电场分布均匀。

⑨ 液态击穿电压随距离增加而增加。

⑩ 气液混合状态的击穿电压随压力升高而升高。

⑪ 气液混合状态的击穿电压随距离增加而增加。

⑫ 液态和气液混合状态的击穿电压在相同外部条件下相差不大,约 1~2kV。

⑬ 为了模拟冷却介质含有杂质后的电气绝缘情况,将模型加浮灰后抽真空,再加足量的水使之与介质充分混合,然后进行击穿试验,此时在架位处 28kV 时发生爬电现象。

2.6.5 结论

① 气液混合状态和液态的击穿电压相差不大,约 1~2kV。而全包聚酰亚胺薄膜(规格 0.05mm 厚),半叠包 4 层、厚度为 0.4~0.45mm,总绝缘厚(包括 F-113 在内)为 5.25mm 时,其击穿电压为 50~57kV,平均击穿电场强度为 10kV/mm。这和液态时,全部为 F-113 作为绝缘,距离为 7mm 时的击穿电压很接近。

② 由于击穿电压随温度上升而增加,因此对运行是有利的。

③ 用 F-113 作主绝缘,在击穿后一般自恢复能力较好,只在连续击穿 2~3 次后,方才有所降低。

④ 因为电机实际工作时,蒸发冷却介质是处于气液混合状态或者液态,基本上不会出现全部是气态的状况,所以尽管气态的冷却介质击穿电压不是很高,但对于中等容量电机选用 F-113 作为部分主绝缘是可能的。

⑤ 试验证明在液态或气液混合状态下采用铝板槽时,直到击穿从未发现电晕。即便在针形电极(以有机玻璃贴铜网为槽)时,在负压 280~300mmHg 下,其起晕电压也高达 24~27.2kV。说明可以不必采用特别防晕

措施，其使用电压可能用到 18kV 左右（即使在纯气态下，起晕电压也在 10kV 以上）。

⑥ 由于考虑到在加工过程中电机不可能太干净，因此必须考虑选用复合绝缘即固体绝缘和液体绝缘共同使用。

⑦ 由于 F-113 对不均匀电场很敏感，因此应尽可能使槽内电场均匀。

⑧ 从试验结果看，必须进一步对液态、气液混合状态下蒸发冷却介质的爬电现象做进一步的研究，找出距离与爬电电压的关系，供选择架位之用。

2.7　定子绝缘材料的表面闪络试验

2.7.1　试验目的和要求

通过分析对比 2.6 节的各种试验条件下的试验结果，研究人员们大胆决定定子主绝缘可以采用 F-113 和聚酰亚胺的复合绝缘。另外，从上面的试验还可以明显地看到，采用这样一种架空式的绝缘结构带来了一般常规绝缘所不曾遇到的新问题。即在槽内沿固体架位表面的闪络电压大大低于相同距离下的间隙直接击穿电压，同时固体架位材料选择的不同，对表面闪络电压也有一定的影响。所以下一步必须对表面闪络做进一步的研究、试验，找出距离与表面闪络电压、材料与表面闪络电压的关系，供选择槽内架位和解决端部固定问题之用。

根据有关材料介绍，影响表面闪络电压的因素主要有以下几点：

① 表面闪络距离的长短。

② 材料本身的光洁程度、是否附着脏物及吸附潮气等情况，这些在均匀电场的情况下有一定影响，而对不均匀电场主要由于尖端放电而使材料附着脏物及潮气的影响降为次要地位，以致在实际中可以忽略，从而使电场不均匀在表面闪络中占主要地位。

③ 固体本身的介电系数比周围液体的介电系数要高。

④ 固体绝缘本身的性质：a. 表面电阻要大；b. 表面电容要小。

⑤ 电场的均匀程度。

考虑表面闪络的问题，可以从两种不同的结构形式去分析。第一种形式是沿介质表面的闪络距离与电极间最短距离相同或相近，也就是电力线和固体介质表面闪络路径平行即均匀电场的情况。第二种形式是电极间距离比表面放电距离小得多，也就是电力线和固体介质表面闪络路径相交即非均匀电场的情况。

对于这两种不同形式的表面闪络要分别进行试验，得出数据。供选择槽内架位之用并为解决端部固定问题提供依据。

2.7.2　试验装置

定子绝缘材料的表面闪络试验装置见图 2-13，该试验装置说明如下：

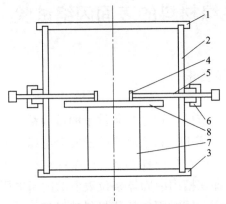

图 2-13　绝缘材料（不带铜片）表面闪络的试验装置
1—有机玻璃筒盖；2—有机玻璃筒；3—筒底；4—饼形电极；5—电极拉杆；
6—电极固定螺母；7—固定支撑物；8—绝缘试验材料

做试验时，第一种结构形式完全与试验装置图 2-13 相同，试验时先将绝缘试验材料 8 用固定支撑物 7 固定好，使绝缘试验材料 8 靠紧饼形电极，然后将过滤好的 F-113 液体倒入有机玻璃筒 2 中，液面要高于电极，再把筒盖盖好，然后将电极的一端通过拉杆接至升压器的高压端，电极的另一端通过拉杆接地，检查好后即可进行试验，逐步升压直至看到一线状的间歇的表面闪络时，然后降压直至看不见为止，记下这一距离下的表面闪络电压值，然后再改变距离（移一下拉杆就可以了）做几次，便可得出不同距离下表面闪络电压值。

第二种结构形式做法与第一种结构形式的做法大致相同，只是在试验材料的下面放一铜片（铜片与被试验材料表面的垂直距离为 12mm），使它和接地端电极相连，如图 2-14 所示。

试验材料：仅有的环氧玻璃布板和聚酰亚胺玻璃布板的材料尺寸分别是，环氧玻璃布板长 137mm、宽 112mm、厚 2.7mm，聚酰亚胺玻璃布板长

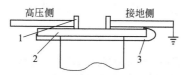

图 2-14　绝缘材料（带铜片）表面闪络的试验装置
1—电极；2—绝缘试验材料；3—铜片

137mm、宽 112mm、厚 2.7mm，第三种试验材料铜片的尺寸是，长 137mm、宽 23.5mm、厚 0.15mm。

　　开始试验是在白天做的，但还未见到表面闪络时就已经击穿了，所以后来改在晚上的暗室里做，这样可以比较清楚地看到表面闪络，便于取值记录，同时也发现，在用环氧玻璃布板时产生电晕，而且起晕电压不高。所用升压器是 100kW 的整套装置。

2.7.3　试验数据整理

　　重点整理的是表面闪络电压与距离的关系，得到的试验结果见表 2-7～表 2-10。

表 2-7　环氧玻璃布板的起晕、表面闪络与绝缘距离的关系

电极间的距离/mm	8.5	20.5	45.5	55.5
表面闪络电压/kV	23	27	28	28
起晕电压/kV	20	20	22	22

试验条件：均匀电场的情况，用未经烘干的滤纸过滤蒸发冷却液体介质。

表 2-8　聚酰亚胺玻璃布板的表面闪络与绝缘距离的关系之一

电极间的距离/mm	10.5	15.5	24.5	45.5
表面闪络电压/kV	38	34	>36	>35

试验条件：均匀电场的情况，用未经烘干的滤纸过滤蒸发冷却液体介质。

表 2-9　聚酰亚胺玻璃布板的表面闪络与绝缘距离的关系之二

电极间的距离/mm	8	10.5	13	15.5
表面闪络电压/kV	22	24	26	30
直接击穿电压/kV	32	40	40	40

试验条件：不均匀电场的情况，用未经烘干的滤纸过滤蒸发冷却液体介质。

表 2-10　聚酰亚胺玻璃布板的表面闪络与绝缘距离的关系之三

电极间的距离/mm	8	10.5	13	15.5
表面闪络电压/kV	28	36	38	38

试验条件：不均匀电场的情况，用烘干的滤纸过滤蒸发冷却液体介质。

2.7.4　试验结果分析

① 用环氧玻璃布板试验：距离为 8mm 和 10.5mm 时，20kV 就起晕了；距离为 15.5mm 和 13mm 时，22kV 起晕。

② 在均匀电场中环氧玻璃布板的表面闪络电压是随极间距离的增加而增加，但在 8.5～55.5mm 范围内表面闪络电压变化不大，仅由 23kV 升到 28kV。

③ 在均匀电场中聚酰亚胺玻璃布板的表面闪络电压是随着距离的增加而增加。

④ 在不均匀电场中聚酰亚胺玻璃布板的表面闪络电压也是随着距离的增加而增加（用未烘干的滤纸和烘干的滤纸过滤的蒸发冷却液体介质都是这样）。

2.7.5　结论

① 由于表面电阻系数不同，故材料不同对起晕电压和表面闪络电压的影响很大。如对于环氧玻璃布板这样的材料，是由于先产生电晕故而引起闪络而击穿，使在 8.5～55.5mm 距离范围内，该材料的表面闪络电压仅差 5kV。

② 从试验结果看，聚酰亚胺板要比环氧板的耐电晕性能好得多，用聚酰亚胺板做的过程中，一直未见电晕，因此环氧玻璃布板不适于做架位材料。

③ 在相同的试验条件下，聚酰亚胺板的表面闪络电压要比环氧板高 10～15kV，可见聚酰亚胺板的耐表面闪络性能要比环氧板好得多。

④ 试验时模拟的液体里有脏东西对表面闪络电压影响较大。

⑤ 试验时使用的液体蒸发冷却介质，由于水分影响所造成的耐压强度的高低对表面闪络电压有一定的影响，但影响不大。

⑥ 从试验结果看，聚酰亚胺的耐表面闪络的性能较好，距离 15.5mm 时

闪络电压达 38kV，这种性能在我们的蒸发冷却电机里解决架位问题是可行的。

2.8 补充试验

2.8.1 补充试验说明

2.7 节的试验，限于仅有的环氧玻璃布板和聚酰亚胺玻璃布板这两种绝缘材料，故有一定的局限性，还需要在其他比较合适的材料上进行类似的试验过程。本节选择机械强度及耐电强度比较好的环氧粉云母、环氧压铸件和酚改性二甲苯玻璃布板，将这两种材料的表面闪络试验和前面两种材料加以比较，以便找出耐表面闪络性能更好又经济可行的绝缘材料来解决槽内架位和端部固定问题。试验方法和装置同前。

2.8.2 试验材料的具体信息

① 环氧粉云母板的长宽高尺寸：130mm ×101mm ×1mm。
② 环氧压铸件的长宽高尺寸：130 mm ×62 mm ×12mm。
③ 酚改性二甲苯玻璃布板的长宽高尺寸：126 mm ×72 mm ×12mm。

2.8.3 试验数据整理

表面闪络电压与距离的关系：
① 环氧粉云母的试验结果见图 2-15。试验条件是不均匀电场的情况，用烘干的滤纸过滤蒸发冷却液体介质。

为了排除脱氧膜剂的影响，将两面的薄膜揭掉，又试验了一下，结果见图 2-16。

结果分析：用环氧粉云母板做试验，距离增大到 54.5 mm，表面闪络电压只有 18kV。后来为了排除脱氧膜剂的影响，则将两面的薄膜揭去，从距离 15.5 mm 起开始试验，距离增大到 32.5 mm，期间跨越了 17mm，但表面闪络电压没什么变化，仍只有 14kV。从而说明脱氧膜剂对闪络电压几乎没什么影响。

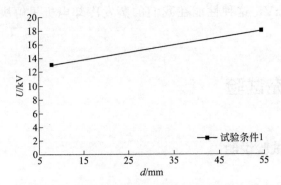

图 2-15 环氧粉云母的表面闪络与绝缘距离的关系

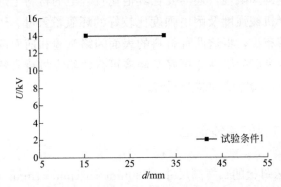

图 2-16 脱膜处理后环氧粉云母的表面闪络与绝缘距离的关系

② 酚改性二甲苯玻璃布板的试验结果见图 2-17。试验条件是不均匀电场的情况，用烘干的滤纸过滤蒸发冷却液体介质。

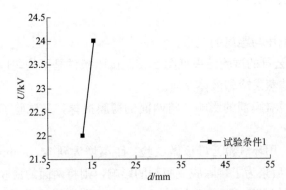

图 2-17 酚改性二甲苯玻璃布板的表面闪络与绝缘距离的关系

结果分析：用该材料试验时，距离增大到 15.5 mm 时表面闪络电压

24kV，但此时材料表面碳化比较厉害。

③ 环氧压铸件的试验结果见图 2-18。试验条件是不均匀电场的情况，用烘干的滤纸过滤蒸发冷却液体介质。

结果分析：用环氧压铸件试验时，除个别两三次瞬间闪络外，其他情况都是直至击穿未见闪络，而且图 2-18 列出的是两种厚度下的该材料随距离变化时击穿电压的变化，另外可以看出，两种厚度下的变化曲线几乎重合，反映出该材料厚度对击穿电压影响很小。

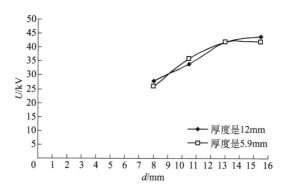

图 2-18　环氧压铸件的表面闪络与绝缘距离的关系

2.8.4　结论

① 环氧粉云母耐表面闪络性能差，距离 15.5 mm 表面闪络电压只有 14kV，不宜做架位材料。

② 酚改性二甲苯玻璃布板耐表面闪络性能较差。而且击穿后表面碳化厉害，也不宜做架位材料。

③ 经多次反复试验环氧压铸件基本上未见表面闪络，而且击穿电压比较高，距离 15.5 mm 可达 40kV 左右，解决架位和端部固定问题时可考虑采用。

④ 从试验结果看，在相同的试验条件下环氧压铸件的耐表面闪络的性能比前两种材料好得多。

本章小结

大型电机定子采用蒸发冷却技术，将会存在固、液、气三相状态下的新绝缘结构，对此本章总结了我国对这一新绝缘结构近 40 年的研究成果。对早期的蒸发冷却介质 F-113 的电气绝缘性能的试验结论是：① 气态介质起晕电压、击穿电压随介质压力升高而升高（注：这符合巴申定律，即压力升高，气体密度很大，引起电离的可能性大减）；随着定子绕组主绝缘距离的增加而提高。气态起晕电压，随主绝缘距离每增加 1mm 约提高 2～3kV。② 纯液态介质只有在负压力（低于周围环境的大气压力）下才出现电晕，且起晕电压很高（大于 24kV），在正压下不见电晕、直接发生沿定子绕组固定架位的表面闪络而致的击穿现象。这是因为电晕产生要具备一定的温度和电场不均匀条件，F-113 沸点很低（47.6℃），分布在槽内外能流通的地方，导致定子绝缘结构的整体温度不高且均匀分布，而且 F-113 较高的绝缘特性改善了电场分布，只要不存在类似针尖电极等极端不均匀电场，在 F-113 中产生电晕比较难。液态介质的击穿电压随介质压力升高成接近直线关系的增加，随主绝缘距离的增加而增加。③ 在相同外部条件下，介质气、液混合态与纯液态时的击穿电压接近，约低 1～2kV。这有利于保证温度升高时定子绕组绝缘强度。④ 介质击穿后自恢复能力很好，只在连续击穿数次后，绝缘强度才略有所下降。若全部由液态冷却介质（如 F-113）担当定子绕组的主绝缘，那么在合适的液体压力及绝缘距离下，与 11kV 电压等级的绝缘水平相接近。

本章的所有试验研究结论基本证明了蒸发冷却介质具备强的耐电晕性、耐击穿性。可以根据蒸发冷却介质这一绝缘特性对应的耐压等级，改变定子绕组的常规绝缘结构或优化现有结构，代之以由蒸发冷却介质担当大部分定子绕组主绝缘作用的气（蒸发冷却介质）、液（蒸发冷却介质）、固（股线外的主绝缘层）三相的新型定子绝缘体系。本章的试验尽管只采用了一种冷却介质 F-113，却具有代表性。随后出现的几种氟利昂替代品，如表 2-2 中所列，绝缘性能均高于 F-113。本章的试验研究结论对本书后面的工作具有直接的指导意义。之后，电工所的大电机研究室曾于 1985 年，为结合 11kV、50MW 蒸发冷却汽轮发电机的研制工作，又对蒸发冷却介质进行了专门的局部放电特性的试验研究。进一步证明了 11kV 等级无防晕层结构的电机定子线棒浸在蒸发冷却介质中耐局部放电性能优于在空气中带防晕层结构的定子线棒。

参考文献

[1] 丁舜年. 大型电机的发热与冷却 [M]. 北京：科学出版社，1992.
[2] 汪耕，李希明. 大型汽轮发电机设计、制造与运行 [M]. 上海：上海科学技术出版社，2000.
[3] 冯复生. 大型汽轮发电机近年来事故原因及防范对策 [J]. 电网技术，1999，23（1）：74-78.

［4］李伟清，刘双宝. 大型汽轮发电机常见故障的检查及处理方法［J］. 大电机技术，2000
　　　（3）：11-15.

［5］周怀理. 发电机定子线棒漏水和断股的原因分析［J］. 大电机技术，1999（2）：18-19.

［6］孙维本. 水-氢-氢冷却汽轮发电机反事故措施简述［J］. 华北电力技术，2003（7）：
　　　32-34.

［7］李艳，徐凌. 国产大型汽轮发电机反事故技术措施［J］. 华北电力技术，2000（3）：
　　　2-5.

［8］吴晓蕾. 125MW 空冷汽轮发电机绝缘结构的开发［J］. 上海大中型电机，2002（3）：
　　　30-32.

［9］李立军. QF-125-2 型 125MW 空冷发电机的设计与试验［J］. 上海大中型电机，2003
　　　（3）：8-13.

［10］金耀萍，任秀华，张瑞均. 空气冷却汽轮发电机容量大小及其定子绕组绝缘方式的探
　　　讨［J］. 大电机技术，1999（1）：29-33.

［11］顾国彪. 蒸发冷却应用于 50MW 汽轮发电机的研究和开发［J］. 中国科学院电工研究
　　　所论文报告集，1992，23（7）：1-15.

［12］梁维燕，吴寿义. 国产引进优化型 600MW 火电机组的设计和制造［J］. 中国电力，
　　　1999，32（10）：52-55.

［13］胡庆生等. 现代电气工程实用技术手册（上册）［M］. 北京：机械工业出版社，1994.

［14］金维芳，王绍禹. 大型发电机定子绕组绝缘结构改进的研究［J］. 西安交通大学学报，
　　　1985（5）：23-24.

［15］陈镇斌. 不同绝缘材料对电机绕组蒸发冷却过程的强化［J］. 大电机技术，1975（4）：
　　　22-26.

［16］栾茹，顾国彪. 蒸发冷却汽轮发电机定子绝缘结构的模拟试验及分析［J］. 大电机技
　　　术，2002（6）：23-26.

［17］Gu Guobiao, Li Zuozhi, Liang XueKun, Zhang Tuntao. Evaporative Cooling of
　　　Hydro-generator. Proceeding of ICEM，1984.

［18］Gu Guobiao, Lun Maozeng, Li Zuozhi，Ye Wanren, Liao Shaobao, Ye Zhihe, Qian
　　　Guangyue, Chen Zhenbin. The Investigation of Turbo-generator with Full Evaporative
　　　Cooling System. Proceeding of ICEM，1986.

［19］Gu Guobiao，Wang Geng，Sheng Changda，LiZuozhi. 50MV • A Turbo-generator
　　　with Evaporative Cooling Stator. Proceedings of CICEM' 1991.

［20］李作之，等. 11 千伏级蒸发冷却电机定子绝缘［J］. 中国科学院电工研究所论文报告
　　　集，1982，4（5）：31-35.

［21］周建平，傅德平，等. 氟利昂冷却电机线棒局部放电特性的研究［J］. 中国科学院电
　　　工研究所论文报告集，1990（23）：21-25.

［22］陈楠. 新型空冷汽轮发电机［J］. 电机技术，2001（1）：20-24.

［23］宋晓东，刘业义. 新系列空冷汽轮发电机［J］. 大电机技术，2001（3）：7-10.

第3章

蒸发冷却电机定子绝缘体系及其传热的分析

3.1 引言

定子绕组是电能的直接载体、电机的核心部件。定子绕组要放在空间狭小的电机槽中,同时要承受热的作用、机械力的作用(包括振动、电动力、冲击负载、拉力、摩擦等的作用,值得注意的是电机中的这种作用比其他电力设备来得强烈)、电场作用以及环境条件等其他因素的影响。这样,它的绝缘结构与一般设备的绝缘不同,设计起来难度最大。近百年来,随着冷却技术的进步,电机在其他设计方面改进不大,但新的绝缘和绕组结构设计技术的发展,使电机的输出功率从早期的几个千伏安发展到现在的兆伏安级以上。作为电机的一个重要组成部分,定子绕组是影响加工费用、运行可靠性和电机寿命的一个关键部件。因此,推进一种更为先进的新型电机冷却技术向前发展,定子绕组绝缘结构的设计一直是工程技术人员放在首位考虑的重点。

绝缘系统的承受能力与电机所采取的冷却手段密切相关。早期的空冷电机输出功率小,对绝缘的要求相应地也低。伴随着冷却方式的不断更新,带动了单机容量的逐渐增加,对电机定子的绝缘系统及材料的等级要求也不断提高。但从经济性上考虑,又要求提高绝缘的导热性能,反过来需要薄的绝缘层及新的加工工艺。尽管在第2章已经对早期的蒸发冷却电机定子绝缘结构的研究进行了详细的描述,但那只是在绝缘材料的电性能上取得了研究结果,而实际上,定子绝缘结构使用环境的条件限制对电机的影响越来越大,这就要求高质量的定子绝缘系统保证机组在使用年限内的高可靠性与安全性。所以，从 20 世纪 60 年代初期以来，人们已经认识到：电机的绝缘不是一个纯粹的材料问题，而应作为一个绝缘系统来对待。

因此，本书提出的新型驱动用隔爆电动机的研究课题，还需要在第 2 章的研究基础上对蒸发冷却方式下的定子绝缘体系及其传热进行分析。

3.2　卧式蒸发冷却电机定子绝缘与传热系统的组成

不同结构形式的电机，热量的产生与分布差异较大。大容量的水轮发电机是立式结构，直径、体积也比较大，但轴向长度短，其冷却问题相对来说比较容易解决。而大型驱动用隔爆电动机或者其他卧式结构的电机，直径比较小而轴向长度较长，或者直径与轴向长度接近，导致中部的热量不易散出来，发热问题是比较严重的。

隔爆电动机的定子是水平放置的结构，其内既有集中发热体，如产生铜耗的定子绕组；又存在大量分散式发热部件，如产生涡流与磁滞损耗的铁芯叠片、在端部漏磁作用下产生附加损耗的铁芯压指、压板。定子绕组是电机运行中承受电压最高的部件，对其绝缘强度的考核最严格，不仅要长期承受交流工作电压，此外，还可能遇到短时过电压等。因此，像隔爆电动机这样的卧式电机定子的冷却与绝缘问题必须作为密不可分的有机整体来考虑。在电机各部分温度没有超过限额的情况下，定子电压在额定值的±5%范围内变化时，其额定容量不变；电机不允许在长期过负荷情况下运行，但当系统发生事故时，电机允许事故过负荷，且对过负荷的上限及时间均有严格的规定，例如一般电动机过负荷数值最高为额定电流的 115%，时间不超过 30min。

从热工及流体循环方面来看，尽管液体沸腾时有较大的吸热能力，却受到蒸发空间的限制。沸腾后的蒸气需要占据一定的空间，若可提供循环的空间不足，必然增加流动阻力，直接影响传热效果，使蒸发冷却潜力未能完全发挥出来。针对类似于隔爆电动机这样的卧式电机的定子结构特点，要充分利用蒸发冷却能力，需要较大的蒸发空间，缩短循环路径长度，以便减小阻力、流道畅通。这即指大空间浸润式冷却方式。

从电机冷却需要来看，浸润式（也称为浸泡式）蒸发冷却定子是将整个定子完全密封在腔体内，被其内充放的低沸点、高绝缘、不燃烧、无毒、化学性质稳定的液态蒸发冷却介质浸泡。出于保护驱动用隔爆电动机生产企业中冶京诚（湘潭）重工设备有限公司的技术权益与经济利益，本书不能提供蒸发冷却隔爆电动机的详细结构，但是可以提供与之类似的结构，如图 3-1 所示，为 50MW 蒸发冷却汽轮发电机的定子采用浸润式蒸发冷却的结构简图，电机运行时，绕组、铁芯以及其他结构部件由于各种损耗而产生大量热量，使充满在其周围的冷却介质液体温度升高，直至达到与腔体内的压力相对应的液态介质的饱和温度开始沸腾，液态介质吸热汽化，呈气、液两相状态，使发热部件得以充分冷却，又因沸腾换热期间沸腾工质的温度基本分布在饱和温度点附近，该饱和温度即为蒸发冷却介质的沸点温度，详见表 2-2，使介质浸泡的各个定子部位温度分布比较均匀，尤其是定子端部无局部过热点，蒸气介质，其密度小于液态介质，产生浮力而向上浮升遇到顶部的冷凝器，将热量传给二次冷凝水后冷凝成液体又滴回到原处，这样实现了常温下自循环、无噪声的蒸发冷却。从图 3-1 中可以理解上述的常温下蒸发冷却自循环过程，无须任何外部动力，这也是蒸发冷却优越于其他冷却方式所在。从该 50MW 蒸发冷却汽轮发电机组运行时测得的多组不同工况下的温度数据看出，定子密封腔内各处基本接近，一般仅几摄氏度的差别，均说明端部区域及铁芯的冷却是相当好的。

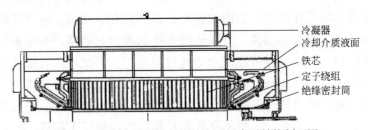

铁芯
冷却介质液面
冷凝器
定子绕组
绝缘密封筒

图 3-1 50MW 蒸发冷却汽轮发电机定子结构剖面图

从电机绝缘角度来看，浸润式（或称浸泡式）蒸发冷却电机定子如同油浸式冷却变压器一样，形成一个良好的绝缘体系。一方面能够全方位冷却蒸发冷却介质能够接触到的定子结构，使其温度低且分布比较均匀，另一方面因所用的蒸发冷却介质较高的绝缘性能，如第 2 章所述，而为定子绕组提供了一个不同于其他冷却方式的气、液两相绝缘环境，充满在端部及槽间的工艺间隙内，改善了电场分布不均匀情况及局部放电产生的条件，提高了电晕起始电压，降低游离强度，再与绕组的固体绝缘材料配合就构成了蒸发冷却环境下的气、液、固三相的绝缘系统。这一绝缘系统，对于大容量汽轮发电机向更高的绝缘和电压等级发展，或者对于驱动用隔爆电动机等提高功率密度、缩小体积，都提供了很有利的先决条件，可以针对不同的机型研制出不同的新的定子绝缘结构。

3.3　电机蒸发冷却技术方案的种类

蒸发冷却是利用液态介质汽化时吸收潜热的原理来进行冷却的一个总概念。实际上按照冷却介质不同的沸点、不同的循环方式、不同的冷却结构，可有多种蒸发冷却方式。冷却介质沸腾时的温度低于或高于自然水（也称为二次冷却介质）温度的，称为低温或常温蒸发冷却；冷却介质使用泵等外力推动循环的，称为强迫循环蒸发冷却；不用泵的，称为自循环蒸发冷却。由于结构形式的差别，又可分为管道内冷或全浸式（或称浴池式、浸泡式）冷却，其他还有喷雾式或热管式蒸发冷却，主要用于中小型电机上。

3.4　复合式绝缘系统的电场分布特点

在第 2 章中曾提出了气、液、固三态构成的复合式绝缘结构的概念，从电气绝缘技术来看，这是一个新概念，已经在第 2 章有所阐述，而从电机内的绝缘系统来看，这属于复合式绝缘系统的电场分布问题。

在实际的绝缘系统中，往往由不同材质、不同状态的绝缘材料组成多层电介质。如电缆、电容器用的油浸纸是由液态的矿物油和固态的绝缘纸组成；常规电机定子绝缘系统中的云母绝缘是由单纯固态的云母、胶（黏合剂）和纸或布（补强材料）组成；而本章的卧式蒸发冷却电机中的绝缘系统则是由固态的主绝缘层材料、液态与气态混合的蒸发冷却介质组成。下面以双层电介质为例，对其内的电场分布进行分析，多层电介质的电场可按同样方法类推。

3.4.1　复合式绝缘系统的介电常数和电场强度遵循的规律

设有一双层复合电介质，分析模型如图 3-2 所示，其中，图 (a) 的 E_1、E_2 分别为第一层、第二层介质的电场强度，ε_1、γ_1、ε_2、γ_2 为第一层、第二层介质的介电常数及电导率，d_1、d_2 分别为第一层、第二层介质的厚度，图 (b) 为图 (a) 的等效电路，C_1、C_2、U_1、U_2 分别为第一层、第二层介质的电容与分担的电压，U 为施加在整个复合式电介质上的电源电压。满足以下两个条件：

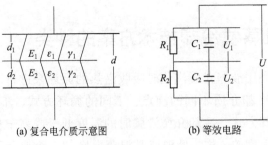

(a) 复合电介质示意图　　　　(b) 等效电路

图 3-2　双层串联复合电介质的分析模型

① 在恒定电压 $U = U(t)$ 作用下，由于漏导，电介质中将有泄漏电流流过，因介质中各点电流密度 J 的方向都垂直于极板，且其大小相等，可得 $J_1 = J_2$，而 $J = \gamma E$，所以 $\gamma_1 E_1 = \gamma_2 E_2$。由此可知在直流电压作用下，双层电介质中场强之比为

$$\frac{E_1}{E_2} = \frac{\gamma_2}{\gamma_1} \tag{3-1}$$

考虑到 $E_1 = U_1 / d_1$，$E_2 = U_2 / d_2$，$U = U_1 + U_2$，进一步可得

$$\begin{cases} E_1 = \dfrac{\gamma_2 U}{\gamma_1 d_2 + \gamma_2 d_1} \\[3mm] E_2 = \dfrac{\gamma_1 U}{\gamma_1 d_2 + \gamma_2 d_1} \end{cases} \tag{3-2}$$

$$\begin{cases} U_1 = \dfrac{\gamma_2 d_1 U}{\gamma_1 d_2 + \gamma_2 d_1} \\[3mm] U_2 = \dfrac{\gamma_1 d_2 U}{\gamma_1 d_2 + \gamma_2 d_1} \end{cases} \tag{3-3}$$

② 在交流电压 $U = U_m \sin\omega t$ 作用下，根据电感应强度连续性，可得

$$\varepsilon_1 \dot{E}_1 = \varepsilon_2 \dot{E}_2, \quad \varepsilon_1 E_{1b} = \varepsilon_2 E_{2b} \tag{3-4}$$

其中 $\dot{E}_1$、$\dot{E}_2$，E_{1b}、E_{2b} 分别为各层电介质电场强度的有效值和击穿值。由此式可知，交流电压下，双层电介质中场强之比为

$$\frac{E_1}{E_2} = \frac{\varepsilon_2}{\varepsilon_1} \tag{3-5}$$

对比直流电压下的式（3-1）与交流电压下的式（3-5），能够明显看出两者的相似之处，则根据式（3-2）与式（3-3），可以直接推导出交流电压作用下的这两层电介质各自的电场强度分布与承担的电压

$$\begin{cases} E_1 = \dfrac{\varepsilon_2 U}{\varepsilon_1 d_2 + \varepsilon_2 d_1} \\[3mm] E_2 = \dfrac{\varepsilon_1 U}{\varepsilon_1 d_2 + \varepsilon_2 d_1} \end{cases} \tag{3-6}$$

$$\begin{cases} U_1 = \dfrac{\varepsilon_2 d_1 U}{\varepsilon_1 d_2 + \varepsilon_2 d_1} \\[3mm] U_2 = \dfrac{\varepsilon_1 d_2 U}{\varepsilon_1 d_2 + \varepsilon_2 d_1} \end{cases} \tag{3-7}$$

3.4.2　提高耐电压水平的条件

① 从式（3-5）可得，若 $\varepsilon_1 > \varepsilon_2$，那么 $E_1 < E_2$。

假定两层电介质的厚度相同，$d_1 = d_2$，那么

$$E_2 d_2 > E_1 d_1 \tag{3-8}$$

将上述关系代入式（3-7）可得

$$U_2 > U_1 \tag{3-9}$$

② 当外施高电压 U 时，从式（3-8）、式（3-9）可知，由于第一层电介质的介电常数较大，导致第二层电介质电场过分集中，承担的电压高于第一层，存在被击穿的可能性，而如果第二层电介质先被击穿，则第二层电介质的电压为零，全部高电压 U 都施加在第一层电介质上了，导致它也跟着被击穿，从而使得整个绝缘系统的稳定性不高，并且随着这两层电介质的介电常数 ε_1、ε_2 相差的越大，绝缘系统的稳定性越差。

综合①、②的分析过程可见，为了使各层电场强度合理均匀分布，应使不同电介质层的介电常数相同或相近，或者使该电介质层的击穿电场强度 E_b 与第二层电介质的介电常数 ε 的乘积彼此相等或接近，以得到合理的电场分布，使复合绝缘系统达到或接近最大击穿电压的水平，从而保证足够的绝缘强度。

3.5　定子大空间与复合式绝缘结构的传热规律

在类似于隔爆电动机这样的卧式电机定子侧，采用浸泡式相变冷却的传热问题，主要应考虑定子铁芯、绕组端部、绕组直线部分的传热等，定子铁芯与绕组的端部因浸泡在大空间里，绝缘与传热空间大，不涉及复合式绝缘

结构内的传热，而定子绕组直线部分则属于典型的复合式绝缘结构的传热。所以，本章将定子的端部与直线部分分开来叙述。

3.5.1 定子铁芯及绕组端部的传热

定子铁芯、绕组端部以及其他与介质直接接触面大、流道宽畅的部件，均属于大容器内的饱和沸腾传热，此时液体主体温度达到饱和温度 t_s，壁温 t_w 高于饱和温度，产生的气泡能自由浮升，穿过液体自由表面进入容器空间。

在饱和沸腾时，随着壁面过热度 $\Delta t = t_w - t_s$ 的增高，会呈现不同的传热过程或称传热区。壁面过热度小时，沸腾尚未开始，传热服从于单相自然对流规律。从起始沸腾点开始，在加热面的某些特定点上产生气泡，这些特定点在传热学中通常称为汽化核心。开始阶段，汽化核心产生的气泡彼此互不干扰，称孤立气泡区；随着 Δt 进一步增加，汽化核心增加，气泡互相影响，并会合成汽块及汽柱。在这两个区中，气泡的扰动剧烈，换热系数和热流密度都急剧增大。由于汽化核心对换热起着决定性影响，这两区的沸腾统称为核态沸腾（或称泡状沸腾）。核态沸腾有温压小、换热强的特点。从峰值点进一步提高 Δt，换热规律出现异乎寻常的变化，热流密度不仅不随 Δt 的升高而提高，反而越来越低，这是因为气泡汇聚覆盖在加热面上，而蒸气排出过程则更趋于恶化。这种情况持续到最低热流密度 q_{min} 为止，这就是传热学中所谓的过渡沸腾。采用沸腾传热进行冷却，应避免进入过渡沸腾区。

虽然卧式电机定子内部的热量分布不均匀，但从已经制成的几台卧式蒸发冷却电机的试验观察看，主要以核态沸腾为主，呈现的是泡状和沫状沸腾，而过渡沸腾尚未见到，一般的壁面过热度 Δt 很小，不超过 $5℃$，说明电机内部的发热十分适合于蒸发冷却。因为铁芯及端部发热件的热负荷较低，从已经制成的卧式蒸发冷却电机运行时实测的温度看，各处温度基本接近，一般仅有几度之差，说明定子端部及整体铁芯的冷却均相当好。

3.5.2 定子绕组直线部分的传热

定子绕组放置在铁芯槽内，使其直线部位的流动传热情况较为复杂。传统的环氧粉云母绝缘浸放在冷却介质中，构成复合绝缘系统的传热问题，沸腾换热过程主要发生在定子线棒与槽壁间的工艺间隙内及铁芯段间的流液沟内。硅钢片的槽壁属于带沟槽的粗糙表面，对在一定热负荷范围内的沸腾传热有强化作用。

根据传热学中复合壁导热概念，可用等效热导率表示复合绝缘系统的对周围环境的换热情况

$$\lambda = \frac{(b_1 + b_2)\lambda_1\lambda_2}{b_1\lambda_2 + b_2\lambda_1} \tag{3-10}$$

式中　b_1，λ_1——固体主绝缘层的单边厚度及热导率；

　　　b_2，λ_2——工艺间隙单边厚度及冷却介质的热导率。

利用式 3-10 分别计算空冷与 F-113 蒸发冷却的等效热导率，然后对此进行比较，说明复合式绝缘结构的传热特点。

假定环氧粉云母带的厚度取 3.75mm，工艺间隙取 0.2mm；环氧粉云母带的热导率为 0.0025W/（cm·℃），即 $b_1 = 3.75$mm，$\lambda_1 = 0.0025$W/（cm·℃），$b_2 = 0.2$mm。对于空气，40℃时的热导率为 $\lambda_2 = 0.00161$W/（cm·℃）。对于 F-113，应按工艺间隙内的沸腾换热过程处理，根据牛顿公式

$$q = \alpha\Delta t = \lambda_2 \Delta t / \delta_2 \tag{3-11}$$

式中，q 为热流密度；α 为表面传热系数；δ_2 为热量传导路径长度，Δt 为温度降，可以求出工艺间隙内的 F-113 热导率。

具体过程是，在这一传热过程中，因为温度降 Δt 是在工艺间隙内的整个宽度上发生的，可以认为

$$\delta_2 = b_2 = 0.2\text{mm} \tag{3-12}$$

于是 λ_2 就是所求的工艺间隙内的热导率。根据前人做过的 F-113 沸腾时的换热曲线，取表面传热系数 $\alpha = 11 \times 10^{-2}$W/（cm²·℃），则代入式（3-13）中，可得

$$\lambda_2 = \alpha b_2 = 22 \times 10^{-4}\text{W/(cm·℃)} \tag{3-13}$$

因此，空冷绝缘系统等效热导率为 0.0013 W/（cm·℃），而由于 F-113 与环氧粉云母带的热导率接近，使得蒸发冷却绝缘系统的等效热导率为 0.0022 W/（cm·℃），这一计算结果与实验数据基本对应。可见，经过粗略的计算分析，蒸发冷却方式下气、液、固三相绝缘系统比单纯的传统绝缘系统的传热效果提高了 1.69 倍。根据上述分析过程，如果减小固体绝缘层厚度或提高热导率，这一提高倍数会更大。

3.6　卧式蒸发冷却电机定子绝缘结构的设计原则

至此，包括隔爆电动机在内的蒸发冷却电机定子绝缘结构必须重新设计

的各种技术支持已经相当充分了。根据已有的各种分析的结果，总结出如下的总的设计原则：

① 减薄固体绝缘层，由冷却介质承担一大部分定子绕组主绝缘的作用；

② 减薄固体绝缘层，完全采用浸泡式冷却方式，让蒸发冷却原理在卧式定子结构上充分发挥作用，达到最佳的绝缘、传热效果；

③ 类似于隔爆电动机这样的卧式蒸发冷却电机，必须使用实心导体作为定子绕组的载流体，取消内冷结构，与原来的空心导线结构相比，使导线截面的高度下降至原来的 1/3，提高槽满率并降低交流附加铜耗；

④ 依据具体的电机设计方案与使用要求，可以在宽的范围内选择合适的电流密度。

固体绝缘材料的选用原则是：

a. 介电常数与蒸发冷却介质相同或相近；

b. 耐压强度高、介电损耗小；

c. 导热性能好；

d. 具备一定的机械强度、抗变形；

e. 在一定的温度范围内各种性能稳定。

▊本章小结

从电气绝缘、与热工传热的基本原理出发，本章阐述了包括隔爆电动机在内的蒸发冷却电机定子气、液、固三相绝缘、传热系统的形成机理。经过分析这一新型定子绝缘、传热系统的电气性能及冷却效果，结论是优于电机传统的云母绝缘系统，若对其合理设计、充分利用，可以研制出针对不同使用需要、对应不同系列的、具备较高各项性能指标（如可靠性、安全性、效率、材料利用率等）的新型蒸发冷却隔爆电动机定子绝缘结构。

参考文献

[1] E. 维底曼，W. 克伦贝格尔. 电机结构 [M]. 北京：机械工业出版社，1973.

[2] 陈世坤. 电机设计 [M]. 北京：机械工业出版社，1982.

[3] 卡李特维扬斯基. 电机绝缘 [M]. 北京：机械工业出版社，1958.

[4] 顾国彪. 蒸发冷却应用于 50MW 汽轮发电机的研究和开发 [J]. 中国科学院电工研究所论文报告集，1992，23（7）：1-14.

[5] 丁瞬年. 大型电机的发热与冷却 [M]. 北京：科学出版社，1992.

［6］陈季丹，刘子玉. 电介质物理［M］. 北京：机械工业出版社，1982.

［7］张学学，李桂馥. 热工基础［M］. 北京：高等教育出版社，2000.

［8］杨世铭，陶文铨. 传热学［M］. 第 3 版. 北京：高等教育出版社，1998.

［9］景思睿，张鸣远. 流体力学［M］. 西安：西安交通大学出版社，2001.

［10］李作之. 蒸发冷却定子绝缘结构的试验与分析［J］. 中国科学院电工研究所论文报告集，1980，2（7）：87-93.

［11］李作之，王淑贤，傅德平. 11 千伏级蒸发冷却电机定子绝缘［J］. 中国科学院电工研究所论文报告集，1980，2（7）：87-93.

［12］李婷. 采用复合绝缘方法提高主绝缘耐压水平的研究［J］. 绝缘材料，2003（2）：10-12.

［13］魏永田，孟大伟，温嘉斌. 电机内热交换［M］. 北京：机械工业出版社，1998.

第4章

大中型蒸发冷却隔爆电动机的电磁设计

4.1 引言

目前应用于冶炼、矿山机械驱动用的国产隔爆电动机，多以兆瓦级为主，属于大型电动机范畴，本书以这样的电动机为研究对象，叙述整个研究过程。

在第1章里，已经提到国产大型驱动用隔爆电动机存在效率低、振动噪声大等严重问题，尽管科研人员与工程技术人员采取了一些措施，包括用最好、最高等级的材料，降低功率密度等，使上述问题得到了一些缓解，但却导致隔爆电动机的体积较大、材料利用率低、性价比不高。所以，本书提出采用新型绝缘与冷却结构来解决上述问题。第2章、第3章已经详细阐述、论证了蒸发冷却技术及蒸发冷却方式下的绝缘、冷却结构的合理性与可行性，但那都是应用到大型发电机，特别是大型汽轮发电机上，若将其应用到隔爆电动机上，还需要进行系统而扎实的研究，包括大、中型蒸发冷却隔爆电动机的电磁设计，定子绝缘结构的温度分布状况、高压电场分布状况，最后才能得出定子绝缘结构的合理设计方案等。所以，这一章的内容既是对前两章的理论与研究结论的应用，又对后续章节的研究内容提供进一步的理论依据。

首先，隔爆电动机的电磁设计不同于以往研制成功的大型蒸发冷却汽轮发电机，需要单独研究设计过程。

4.2　1120kW 蒸发冷却隔爆电动机概述

为了彻底解决大型隔爆电动机的效率问题与振动噪声问题，笔者及项目组提出采用新型的蒸发冷却隔爆电动机结构。该蒸发冷却隔爆电动机属于全新型、技术密集型的电机新产品，主要用于起重、冶金、矿山及其他使用环境较为恶劣、对电机防爆防水防尘等要求较为严格的工业应用领域。与现有的常规隔爆电动机相比，该新型电动机实现的研究目标是：① 电动机定子采用新型冷却技术，浸泡式蒸发冷却技术，转子仍采用风冷，但通过优化设计定子的密封套筒，可以让定子侧实现最优冷却效果的同时，使转子冷却也显著受益；② 在该新型样机上进行全面、细致的蒸发冷却技术的研究，进而对现阶段中科院电工所提出的蒸发冷却系统结构进行创新、改进；③ 电动机的体积显著减小，铁芯、线圈等用量降低，提高电动机的功率密度与效率；④ 优化电动机的总体设计，彻底消除隔爆电动机的严重振动噪声问题，降低制造成本，力争以低成本、高出力在将来的市场取得竞争力。

为了能将新老结构进行对比，选取驱动冶炼鼓风机用的隔爆电动机，来试制蒸发冷却隔爆电动机的新结构，该电动机的主要参数是：电动机型号为 Y 系列卧式电机，中心高 710mm，极对数 $P=1$；防护等级为 IP44，属于级别较高的隔爆型；额定电压为 10000V；额定功率为 1120kW；额定转速为 2985r/min；工作制式为 S1，连续工作制；功率因数为 $\cos\varphi=0.89$。

4.3　1120kW 蒸发冷却隔爆电动机的样机电磁设计

4.3.1　常规结构的 1120kW 隔爆电动机的电磁设计

为了比较新型隔爆电动机，即蒸发冷却隔爆电动机，与常规结构电机的电磁性能差异，本书首先列出独立设计的常规结构下的 1120kW 隔爆电动机的电磁设计过程。

（1）主要尺寸和电磁负荷的确定

① 定子铁芯外径 D_1　该机组属于大型异步电动机，由于中心高 $H >$

630mm，则定子铁芯外径 $D_1 > 1000$mm，取 16 号机座以上的规格。为了充分利用硅钢片，减少冲模等工艺装配的规格与数量，加强通用性并考虑到系列电机功率等级递增的需要，国家对交流电机定子铁芯制定了行业标准，主要是标准外径 D_1。经查阅文献［1］，对该电动机按照 16 号机座设计，初取 $D_1 = 1180$mm。

② 定子铁芯内径 D_{i1} 对于一定的极数，定子铁芯外径与内径之间存在着一定的比例关系，根据该电动机极对数 $P = 1$，经查阅文献［1］，得到的结果是 $\dfrac{D_{i1}}{D_1} = 0.5$，所以，定子铁芯内径：$D_{i1} = 590$mm。

③ 定子铁芯的有效长度 l_{ef} 电动机的主要尺寸满足下面的基本关系式

$$D_{i1}^2 l_{ef} = \frac{6.1 \times 10^3}{\alpha_p' K_{wm} K_{dp1}} \times \frac{1}{AB_\delta} \times \frac{P'}{n} \tag{4-1}$$

用式（4-1）计算定子铁芯有效长度过于复杂，且还有不少未知数，此次计算仅仅是为了后面正式设计蒸发冷却电动机做准备，所以这里可以先采用电动机常数 C_A 来估算：

$$\frac{D_{i1}^2 l_{ef}}{\dfrac{P'}{n_1}} = C_A \tag{4-2}$$

式中，P' 为计算功率；n_1 为同步转速，这台电动机的 $n_1 = 3000$r/min。由于该电动机运行时的总体风路的温度降为

$$\Delta T = T_1 - T_2 = 45 - 18 = 27(℃) \tag{4-3}$$

式中，T_1 与 T_2 分别为总体风路的出口温度与入口温度。

而大型空冷电动机总体温升一般不超过 25℃，可见设计这台电动机时，制造厂将其热负荷设得是很高的，相应地，其利用系数也是很高的。通过查阅最新版的异步电动机设计规范，其中列出了防护等级为 IP44 的大功率异步电动机利用系数范围是 1.5 ～ 3.0，就此推断该电动机利用系数的估计值是 1.5，则电动机常数是 0.667。

异步电动机的计算功率 P' 为

$$P' = 3E_1 I_1 \times 10^{-3} \approx (1 - \varepsilon_L) \frac{1}{\eta \cos\varphi} P_N (kV \cdot A) \tag{4-4}$$

式中，E_1 为定子感应电动势，I_1 为定子电流，P_N 为额定功率；ε_L 为定子绕组漏阻抗压降标幺值，按照文献［1］中提出的大功率、极数少的电动机来设计，则初次取为 $\varepsilon_L = 0.95$；η 为效率，根据在 4.2 节中所列的该电动机的额定功率、额定电压、工作电流、功率因数等值可以计算出

$$\eta = \frac{P_N}{\sqrt{3}U_N I_N \cos\varphi}$$

由于工作电流可以待定，暂时取为 $\eta = 94\%$ 。

将上述所有数据代入式（4-4）可以得到

$$P' \approx (1 - \varepsilon_L)\frac{1}{\eta\cos\varphi}P_N = 1271.84 (kV \cdot A) \qquad (4-5)$$

将式（4-5）的结果及相关的数据代入式（4-2），计算出定子铁芯有效长的初始值为

$$l_{ef} = \frac{C_A P'}{n_1 D_{i1}^2} = 0.8089m \qquad (4-6)$$

④ 电磁负荷 A、B_δ 的初选择 电磁负荷 A、B_δ 是电动机的重要参数，对于一定功率和转速的电动机，其主要尺寸，如前已初步求出的定子铁芯内径与有效长度，应该由电负荷 A 和气隙磁密 B_δ 的大小来确定，但实际设计时，往往先估出了主要尺寸再来估这两个重要参数。

电动机设计时若选较高的 B_δ，铁芯损耗增加而定子绕组的铜损耗可以降低，且电动机的启动转矩、最大转矩和启动电流将增加，但功率因数降低，若选择较高的电负荷 A 或电流密度 J，则绕组铜损耗增加。对于这台大型的隔爆异步电动机，按照常规结构的处理办法，这两个参数可以同时选择较高的值，根据文献［2］中所列的 Y 系列电磁负荷控制值的范围以及这台电动机已经定好的功率因数 0.89，对定子电流密度 J_1 及气隙磁密 B_δ 初选如下

$$J_1 = 3.5A/mm^2, \quad B_\delta = 0.7T \qquad (4-7)$$

⑤ 主要尺寸比 定子铁芯有效长度与极距之比称为电动机的主要尺寸比。本台电动机是两极式的，并已初步估算出定子铁芯的内径，则该电动机的极距为

$$\tau = \frac{\pi D_{i1}}{2} = 0.9263m \qquad (4-8)$$

所以，结合式（4-6）与式（4-8），主要尺寸比为

$$\lambda = \frac{l_{ef}}{\tau} = 0.8574 \qquad (4-9)$$

这个比例符合文献［2］中规定的 Y 系列 IP44 型电动机的主要尺寸比的范围要求。

⑥ 空气隙的确定 通常气隙 δ 选取得尽可能小，以降低空载电流，提高功率因数，该台机组的功率因数 $\cos\varphi = 0.89$ 是比较高的，说明气隙不能太大，但也不能选得过小了，否则除影响机械可靠性外，还会使谐波磁场及谐波漏

抗增大，导致启动转矩和最大转矩减小，谐波转矩和附加损耗增加，进而造成温升的增加和较大噪声。

按照文献 [1]，对于大中型电机，极对数 P 为 1～8 之间，可使用下列的经验公式求出气隙 δ

$$\delta \approx D_{i1}\left[1+\frac{9}{2P}\right] \times 10^{-3} = 3.245\text{mm} \tag{4-10}$$

（2）**槽数选择和定转子槽配合** (Z_1/Z_2)

① 定子槽数的选择　这个值的大小决定于每极每相槽数 q_1，对于电动机的参数、附加损耗、温升及绝缘材料消耗量等都有影响。当选用较多定子槽数时，可以获得较好的磁势波形，使谐波磁场和谐波漏抗减小，附加损耗降低，并有利于散热；但绝缘材料和加工工时增加，槽利用率降低。现在，在定子的内外径、长度大致定下来的基础上，槽数的选择，应使铁芯齿磁密、轭磁密及槽内导体电流密度都比较合适才合理。q_1 尽量取整数，因为分数槽容易引起较大的振动和噪声，对于功率较大的二极电动机可以选得大一些。查阅文献 [2] 的 Y 系列二极电动机的情况，定子槽数是 96。

② 转子槽数选择和槽配合问题　当定子槽数 Z_1 确定后，笼型转子（该电动机就是笼型的）的槽数 Z_2 将受到 Z_1 的约束，即通常所谓的槽配合问题。Y 系列电动机槽配合已经在文献 [2] 中列出，当 $Z_1=96$ 时，$Z_2=80$。

（3）**槽形的选择及槽尺寸的确定**

① 定子槽形及其尺寸　该电动机属于高压大型异步电动机，定子应采用开口槽。

② 转子槽形及其尺寸　笼型转子槽形较多，文献 [2] 中可以查到，对于 Y 系列 IP44 型电动机，中心高大于 280mm 时，应选择图 4-1 所示的转子槽形。

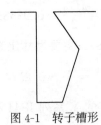

图 4-1　转子槽形

（4）**绕组设计**

根据电动机设计常规，Y 系列、中心高大于 180mm 以上的电动机，选用双层叠绕组、60°相带 。所以，每极每相槽数为

$$q_1 = \frac{Z_1}{2 \times 3 \times 1} = \frac{96}{6} = 16$$

① 绕组跨距选择　双层绕组通常采用短距，对于极对数 $P = 1$ 的电动机，为了缩短端部长度和便于嵌线，常采用短距跨距为

$$Y = 2\tau/3 \tag{4-11}$$

② 绕组系数　基波绕组系数

$$K_{dp1} = K_{d1} K_{p1} \tag{4-12}$$

分布系数

$$K_{d1} = \frac{\sin\left[\frac{\alpha}{2} q_1\right]}{q_1 \sin\left[\frac{\alpha}{2}\right]} \tag{4-13}$$

式（4-13）中槽距角 $\alpha = \dfrac{P \times 360°}{Z_1} = \dfrac{360°}{96} = 3.75°$，得 $K_{d1} = 0.9551$。

短距系数

$$K_{p1} = \sin\left[\frac{Y}{\tau} \times 90°\right] = 0.866 \tag{4-14}$$

将式（4-13）、式（4-14）代入式（4-12）中，得基波绕组系数

$$K_{dp1} = K_{d1} K_{p1} = 0.8271$$

(5) 每相串联导体数及每槽导体数

先利用前面设定的利用系数 $K_A = 1/C_A$ 求出电磁负荷的乘积

$$AB_\delta = \frac{6.1 K_A}{\alpha_p' \times 1.11 K_{dp1}} = 17102.89 \text{A} \cdot \text{T/m} \tag{4-15}$$

式中，α_p' 为电动机设计的经验系数，前已经给出气隙磁密的初始值 $B_\delta = 0.7\text{T}$，则电线负荷 A 初选为

$$A = \frac{17102.89}{0.7} = 24432.7 \text{A/m} \tag{4-16}$$

而

$$A = \frac{3 N_{\varphi 1} I_1}{\pi D_{i1}} \tag{4-17}$$

将式（4-16）与式（4-17）联立，则每相串联导体数 $N_{\varphi 1}$ 为

$$N_{\varphi 1} = \frac{\pi D_{i1} A}{3 I_1} = 195.2 \tag{4-18}$$

对于双层绕组而言，并联支路数

$$a_1 = 2P = 2 \tag{4-19}$$

则每槽导体数是

$$N_{s1} = a_1 \frac{3N_{\varphi1}}{Z_1} \approx 12.385$$

对于双层绕组应取偶数，所以每槽导体数是 12，且每个线圈的匝数是

$$N_s = \frac{N_{s1}}{2} = 6 \text{ 匝} \tag{4-20}$$

而每相串联导体数修正为

$$N_{\varphi1} = \frac{N_{s1}Z_1}{a_1 \times 3} = 192$$

每相串联匝数为

$$W_1 = \frac{N_{\varphi1}}{2} = \frac{192}{2} = 96 \text{ 匝} \tag{4-21}$$

（6）电流密度的选择、线规和并绕根数的确定

① 定子电流密度及线规　前面已经初步预选 $J_1 = 3.5\text{A/mm}^2$。则据此估算的定子导线总截面积为

$$A_c = \frac{I_1}{J_1} = 16.0546\text{mm}^2$$

根据初算的导线总截面积，在现有的导线线规中选择合适的铜导线，再以此确定并绕根数。

② 转子电流密度及线规　当忽略励磁电流时，转子相电流的初估值为

$$I_2 = \frac{0.9I_1 \times 3N_{\varphi1}K_{dp1}}{Z_2} = 414.2\text{A} \tag{4-22}$$

转子电流密度初设值为

$$J_2 = 4.5\text{A/mm}^2 \tag{4-23}$$

由式（4-22）、式（4-23），则转子导条的截面积为

$$A_B = \frac{I_2}{J_2} = \frac{414.2}{4.5} = 92\text{mm}^2$$

（7）磁路计算

① 根据前面求出的各个设计值，每极磁通

$$\Phi = \frac{E_1}{2.22f_1N_{\varphi1}K_{dp1}} = \frac{(1-\varepsilon_L)U_{\varphi1}}{2.22f_1N_{\varphi1}K_{dp1}} = 0.311232\text{Wb}$$

② 气隙磁密与磁位降　这里算的是修正值，是对前面取的气隙磁密初始值的验算与修正。需要运用波形系数。波形系数是指：由于受铁芯段磁路饱和的影响，基波磁动势在气隙中建立的磁场沿圆周方向不是正弦分布，而是呈偏

平形，于是涉及这个波形系数，该值与饱和系数关系较大。若饱和系数初次试取
为 $F_T = 1.2$，查文献 [2] 的附表可以得到波形系数的初取值为，$F_S = 1.49$。

气隙磁密计算如下

$$B_\delta = F_S \frac{\Phi}{\tau l_{ef}} = 0.7222 \text{T}$$

这个结果与前面的初选值比较接近。说明前面的设计是合理的。

因为本次样机研制的是蒸发冷却防爆电动机，对于常规防爆电动机的磁
位降计算略过。

（8）**参数计算**

① 定子绕组平均半匝长　对于该电动机的双层绕组计算是

$$L_{c1} = L_t + 2d_1 + 2C_s$$

式中，L_t 为定子铁芯总长，$L_t = \dfrac{l_{ef}}{0.85}$；$C_s$ 为线圈端部斜边长，$C_s = \dfrac{Y}{2\cos\alpha}$；$d_1$ 为线圈直线部分伸出铁芯长，对于 IP44 型防爆电动机该值可以取
$d_1 = 0.035\text{m}$，则该电动机定子双层绕组平均半匝长为

$$L_{c1} = L_t + 2d_1 + 2C_s = 1.68\text{m}$$

② 定子电阻

$$R_1 = \frac{\rho L_{c1} N_{\varphi 1}}{a_1 A_c} = 1.25\Omega$$

③ 转子导条电阻　每根导条视为一相时，电阻为

$$R'_B = \frac{\rho_B L_{c1} \times 1.04}{A_B} = 8.215\text{m}\Omega$$

转子导条折算到定子侧的折算因子为

$$K' = \frac{3(N_{\varphi 1} K_{dp1})^2}{Z_2}$$

转子导条折算后的值为

$$R'_B = K' R'_B = 0.78\Omega$$

以上为常规通风冷却方式下隔爆电动机负荷参数的计算。这些计算是在
某台已经制造完成的常规隔爆电动机结构的基础上进行的大致估算，是为了
将新型蒸发冷却隔爆电动机的样机设计与上述常规隔爆电动机的设计进行参
数对比。

4.3.2　1120kW 蒸发冷却隔爆电动机的电磁设计

新型蒸发冷却隔爆电动机样机结构都是未知的，需要试取初值、反复迭代、不断修正与调试的设计步骤。

（1）初步试取样机的主要尺寸比及电动机常数

① 电动机常数 C_A　初步试取的经验系数与效率为

$$K_E = 0.95, \quad \eta = \frac{P_2}{\sqrt{3} U_{\varphi 1} I_{\varphi 1} \cos\varphi} = 0.952$$

则计算功率 P' 为

$$P' = \frac{K_E P_2}{\eta \cos\varphi} = 1255.44 \text{kW}$$

由于蒸发冷却的功效非常高，所以电动机常数可以取得较低一些以提高利用系数，初步试取 $C_A = 0.25$，则根据式（4-2）得

$$\frac{D_{i1}^2 l_{ef}}{\frac{P'}{n_1}} = C_A = \frac{D_{i1}^2 l_{ef} \times 3000}{1255.44} = 0.25$$

由此推导出

$$D_{i1}^2 l_{ef} = 0.1046 \approx 0.1 \tag{4-24}$$

② 主要尺寸比　因为定子采用浸泡式蒸发冷却结构，所以主要尺寸比可以取得大一些，即初步试取值为 1。

$$\lambda = \frac{l_{ef}}{\tau} = \frac{l_{ef}}{D_{i1} \pi / 2} \approx 1 \tag{4-25}$$

联立式（4-24）、式（4-25），算出初步取的定子铁芯内径为 $D_{i1} = 0.399362$m，查文献［1］中的定子铁芯标准直径，从中选定一个标准定子铁芯外径，为

$$D_1 = 0.74 \text{m} \tag{4-26}$$

与之对应的铁芯内径为

$$D_{i1} = 0.4 \text{m} \tag{4-27}$$

则铁芯有效长度为

$$l_{ef} = 0.63 \text{m} \tag{4-28}$$

利用式（4-26）～式（4-28）代入式（4-2）中，反推电动机系数为

$$\frac{D_{i1}^2 l_{ef}}{\frac{P'}{n_1}} = C_A = \frac{D_{i1}^2 l_{ef} \times 3000}{1255.44} = 0.241 \tag{4-29}$$

满足要求,所以初步确定以下主要尺寸,定子铁芯外径为 $D_1 = 0.74\text{m}$;定子铁芯内径为 $D_{i1} = 0.4\text{m}$;铁芯有效长度为 $l_{ef} = 0.63\text{m}$ 。

（2）**电磁负荷的选择**

该电动机额定电压较高,尽管容量大,但电流并不是很高,所以其定子的发热并不是很严重,那么在考虑线负荷时,为了结合蒸发冷却优势,初步按照空冷方式的最高上限来选定线负荷,气隙磁密也是如此。

① 首先初步试取计算极弧系数,按照铁芯稍微饱和来取 $\alpha'_p = 0.7$ 。

② 气隙磁场波形系数,按照正弦分布来取 $K_{wm} = 1.11$ 。

则根据由电动机常数构成的如下的关系式（4-30）,初步试选电磁负荷的乘积 AB_δ

$$C_A = \frac{6.1 \times 10^3}{\alpha'_p K_{wm} K_{dp1} A B_\delta} = 0.241 \tag{4-30}$$

得

$$AB_\delta = 352618.9 \text{A} \cdot \text{T/m} \tag{4-31}$$

根据以上结果:

③ 初步试选定子电流密度　$J_1 = 5.5\text{A/mm}^2$,这是按空冷方式电密的最高限来取的,气隙磁密仍跟常规结构的取法一致,即 $B_\delta = 0.7\text{T}$,线负荷初取为 $A = 25000\text{A/m}$,该取值约是常规空冷方式的 1.2 倍。

④ 气隙长度的初步确定　按照文献 [1] ,对于大中型电机,极对数 $P = 1 \sim 8$,可使用下列的经验公式求出气隙 δ

$$\delta \approx D_{i1}\left(1 + \frac{9}{2P}\right) \times 10^{-3} = 2.2\text{mm}$$

考虑到将来气隙内还要放套筒,将其取整为

$$\delta = 3\text{mm} \tag{4-32}$$

为了验算以上初步试选的电磁负荷,需要完成以下的各个计算步骤,然后再反复试算与修正。

（3）**铁芯的初步设计**

① 铁芯长度　有效长度前已初步试取为 $l_{ef} = 630\text{mm}$,还需要据此计算出铁芯的结构长度。一般大型异步电动机通风沟宽为 $5 \sim 10\text{mm}$,本次设计取 5 mm。对于有通风沟的电动机,有效长度与结构长度之间的关系是

$$l_{ef} = l_t - n_v b'_v$$

式中, l_t 为铁芯的结构长; n_v 为通风沟的个数; b'_v 为磁路计算中计及磁密损失后的通风沟宽。根据铁芯有效长,先初设有 12 个通风沟,13 段铁芯叠

片。设 b_v 为通风沟宽，则 b'_v 与 b_v 之间的关系可以通过查表来确定，该表在文献 [2] 中提供。经过查表，与 $b_v=5$mm 相对应的 $b'_v=3$mm。结合以上的各个取值结果，铁芯结构长为

$$l_t = l_{ef} + n_v b'_v = 630 + 12 \times 3 = 666(\text{mm}) \approx 670(\text{mm})$$

根据铁芯结构总长，初步安排各铁芯段如下：在铁芯中部按照轴向长为 50 mm 设为一段，段与段之间设 5 mm 的通风沟，在铁芯的两端，铁芯段的长度设为 30mm。

② 定子铁芯内外径　前已经初步试取。

③ 转子铁芯外径

$$D_{i2} = D_{i1} - 2\delta = 394\text{mm}$$

④ 定转子槽配合　根据前面对常规冷却方式的电磁设计，该新型样机初步选定的槽配合是：定子槽数 $Z_1=48$；转子槽数 $Z_2=40$。

⑤ 定子槽、轭尺寸的初步计算　本样机为高压电动机，定子采用开口槽。定子槽距

$$t_1 = \frac{\pi D_{i1}}{Z_1} = 26.17\text{mm}$$

定子齿宽的估算过程是，一个齿距范围内的气隙磁通为

$$\Phi_t = B_\delta l_{ef} t_1 = 0.01154\text{Wb}$$

假设这些磁通全部进入齿中，则齿中的磁密为 $B_t = \dfrac{\Phi_t}{s_t}$，初步试取 $B_t = 1.563$T，则齿的计算截面积为

$$s_t = \frac{\Phi_t}{B_t} = 7383\text{mm}^2$$

而

$$s_t = K_{Fe} l_{ef} b_t = 7383\text{mm}^2$$

式中铁芯叠片系数取为 $K_{Fe}=0.93$，则齿宽估算为

$$b_t = \frac{s_t}{K_{Fe} l_{ef}} = 12.6\text{mm}$$

相应的槽宽为

$$b_{s1} = t_1 - b_t = 13.57\text{mm}$$

槽宽和齿距的比为

$$\frac{b_{s1}}{t_1} = \frac{13.57}{26.17} = 0.52$$

为使齿部磁密在正常范围内，定子槽宽和齿距有下列关系：$b_{s1} =$

$(0.45 \sim 0.62)t_1$，可见初步估算的定子齿槽尺寸还是合理的。根据文献 [1]，对于平行开口槽，可以按极距和电压等级初步试取定子槽高为

$$h_{s1} = (3.5 \sim 5.5)b_{s1} \approx 3.5b_{s1}$$

对于这个槽的高度，等定子绝缘结构设计时再进一步计算。接下来进行定子轭部设计，首先可以根据槽高来定轭高

$$h_{j1} = \frac{D_1 - D_{i1}}{2} - h_{s1} = 124\text{mm}$$

再初步试取轭部磁密为：$B_{j1} = 1.265\text{T}$，计算极弧系数前已取定为：$\alpha'_p = 0.7$。

则轭高还可以取为

$$h_{j1} = \frac{\tau \alpha'_p B_\delta}{2K_{Fe}B_{j1}} = 130.783\text{mm}$$

具体选择哪一个轭高，可以由后续的磁路计算来定。

（4）**定子绕组设计**

① 定子绕组节距（跨距）的选择　对于高压大容量 2 极电动机，按照设计惯例常采用双层，即

$$y = 2\tau/3 \text{ 节距}$$

② 绕组系数的计算　首先每级每相槽数为

$$q_1 = \frac{Z_1}{2 \times 3} = \frac{48}{6} = 8$$

槽距角为 $\alpha = \dfrac{360°}{Z_1} = 7.5°$，则分布系数为

$$K_{d1} = \frac{\sin\left(\dfrac{\alpha}{2}q_1\right)}{q_1 \sin\left(\dfrac{\alpha}{2}\right)} = 0.955656$$

短距系数为

$$K_{p1} = \sin\left(\frac{Y}{\tau} \times 90°\right) = 0.866$$

基波绕组系数为

$$K_{dp1} = K_{d1}K_{p1} = 0.8276$$

③ 每相串联导体数及每槽导体数的计算　根据初步试选的线负荷 $A = 25000\text{A/m}$，求出每相串联导体数为

$$N_{\varphi 1} = \frac{\pi D_{i1}A}{3I_1} = 137.178$$

则每槽导体数为

$$N_{s1} = a_1 \frac{3N_{\varphi 1}}{Z_1} = 17.14723$$

为了降低用铜量，还要照顾到功率因数，适当降低初算出的每槽导体数，而且对于双层绕组每槽导体数应圆整为偶数，所以每相串联导体数取为：$N_{s1} = 16$。

据此，每个线圈的匝数为

$$N_s = N_{s1}/2 = 8 \text{ 匝}$$

则每相串联导体数为

$$N_{\varphi 1} = \frac{N_{s1} Z_1}{3a_1} = 128 \tag{4-33}$$

④ 对电磁负荷的第一次修正　根据式（4-27）、式（4-33）以及额定相电流，对线负荷按照式（4-34）进行修正：

$$A = \frac{3N_{\varphi 1} I_{\varphi 1}}{\pi D_{i1}} = 23327.39 \text{A/m} \tag{4-34}$$

后续计算按该修正后的值计算。

(5) 转子槽及导条尺寸的确定

① 转子电流的初步估算值　当忽略励磁电流时，转子电流为

$$I_2 = \frac{0.9I_1 \times 3N_{\varphi 1} K_{dp1}}{Z_2} = 545 \text{A} \tag{4-35}$$

本次设计的新型蒸发冷却隔爆电动机，只有定子侧采用新的蒸发冷却结构，显然，式（4-35）的电流值对于仍采用风冷的转子而言过高了，所以对于定子每槽导体数仍需要调整，同时也为了再次明显降低用铜量，现将线圈匝数减少为 $N_s = 6 \text{ 匝}$，则每槽导体数为

$$N_{s1} = 2 \times 6 = 12$$

每相串联导体数为

$$N_{\varphi 1} = \frac{N_{s1} Z_1}{3a_1} = 96$$

则转子电流为

$$I_2 = \frac{0.9I_1 \times 3N_{\varphi 1} K_{dp1}}{Z_2} = 409 \text{A}$$

明显低于式（4-35），线负荷为

$$A = \frac{3N_{\varphi 1} I_{\varphi 1}}{\pi D_{i1}} = 17495.54 \text{A/m}$$

也明显低于式（4-34），转子槽形采用能够在工艺上实现的梯形槽。

② 转子导条截面积的计算　转子电流密度初设值为 $J_2 = 4\text{A/mm}^2$，则转子导条的截面积为

$$A_\text{B} = \frac{I_2}{J_2} = \frac{409}{4} = 102.2(\text{mm}^2) \tag{4-36}$$

③ 转子齿、槽宽的计算　根据（3）中初选的转子槽数，转子齿距应为

$$t_2 = \frac{\pi D_{\text{i}2}}{Z_2} = 21.02\text{mm}$$

设初步试取的转子齿磁密为 $B_{\text{t}2} = 1.45\text{T}$，则齿宽为

$$b_{\text{t}2} = \frac{t_2 B_\delta}{K_{\text{Fe}} B_{\text{t}2}} = 10.91\text{mm}$$

相应的转子槽宽为

$$b_{\text{s}2} = t_2 - b_{\text{t}2} = 21.02 - 10.91 = 10.11(\text{mm})$$

取整为 $b_{\text{s}2} = 10\text{mm}$。

④ 转子槽高的计算　对于笼型转子可以认为导条截面积等于槽面积，所以转子槽高初步估算为

$$h_{\text{s}2} = \frac{A_\text{B}}{b_{\text{s}2}} = \frac{102.2}{10} = 10.22(\text{mm}) \approx 10(\text{mm})$$

⑤ 转子轭高的计算　转子轭部的截面积要大于转子齿部，所以初步试取的转子轭部磁密要小于齿部，为 $B_{\text{j}2} = 1.2\text{T}$，计算极弧系数，前面已经按照铁芯稍微饱和来取 $\alpha'_\text{p} = 0.7$，则初步估算的转子轭高为

$$h_{\text{j}2} \approx \frac{\tau \alpha'_\text{p} B_\delta}{2 K_{\text{Fe}} B_{\text{j}2}} = 137.87\text{mm} \approx 138\text{mm} \tag{4-37}$$

式（4-37）中的 K_{Fe} 为定、转子铁芯的叠片系数，一般取为 $K_{\text{Fe}} = 0.93$。

（6）端环尺寸的确定

① 端环截面积的计算　首先按下式计算出端环电流：

$$I_\text{R} = \frac{I_2}{2\sin\dfrac{\pi}{Z_2}} = 2608.949\text{A}$$

并初步试取端环的电流密度为

$$J_\text{R} = 0.45 J_2 = 0.45 \times 4\ \text{A/mm}^2 = 1.8\text{A/mm}^2 \approx 2\text{A/mm}^2$$

则端环截面积为

$$s_\text{R} = \frac{I_\text{R}}{J_\text{R}} = \frac{2608.949}{2} = 1304.474\text{mm}^2$$

② 端环内、外径的计算 端环外径要比转子外径小 5～10mm，以便铸铝时安放模具，内径则大体上在转子槽底处，端环沿轴向应有一定的斜度，以利于铸铝时脱模，所以，端环外径初步估算为

$$D_{R1} = D_{i2} - 6 = 390mm$$

端环内径初步估算为

$$D_{R2} = D_{R1} - 30 = 390 - 30 = 360mm$$

③ 端环厚度的计算 端环厚度可以按照下式初步估算为

$$b_R = \frac{2s_R}{D_{R1} - D_{R2}} \approx 80mm$$

（7）定子槽绝缘的初步设计

① 槽楔设计 槽楔一般采用 3240 板成型或引拔槽楔，厚度一般为 3mm。

② 槽部主绝缘的设计 常规高压电动机主绝缘有相关的制造标准，查文献［3］可以得到 1 万伏电压等级的定子绕组主绝缘厚度为 3.5～3.75mm 环氧云母带，按照浸泡式蒸发冷却来考虑，可以适当减薄主绝缘，初步定为 2mm。

③ 绕组端部相间绝缘的设计 绕组端部在电机制造、装配过程中最容易发生碰撞或摩擦等硬接触，为了保证可靠性，一般适当加厚该部位的绝缘层，再考虑到这个部位将泡在蒸发冷却介质中，为了散热快，该绝缘层也不宜加过厚，所以其层间绝缘可以取为一层 0.3mm 规格。

④ 槽内层间绝缘的设计 蒸发冷却介质具备优质的绝缘性能，为了充分发挥这一性能，槽内层间绝缘采用一般的层间绝缘材料即可，如 NHN 复合绝缘材料，可以垫一层 3mm 规格。

⑤ 电流密度与导线截面积的估算 前面已经将定子电流密度试取为：$J_1 = 5.5A/mm^2$，则导线截面积估算为

$$A_d = \frac{I_1}{J_1} = 6.9363mm^2 \approx 7mm^2$$

可以据此来选定定子绕组的线规。

上述定子绝缘结构的设计方案是否合理可行，将在后续的第 5 章就此进行专门研究，详细阐述研究过程，包括 ANSYS 温度场数值仿真计算，气液固三相绝缘结构内电场分布的数值计算等。

（8）磁路计算

对在（1）～（7）中初步选定的设计尺寸，本书曾计算过磁路，结果很不理想，不再赘述，所以这一节先进行定、转子齿槽尺寸的修正与调整，再

计算磁路, 以保证磁路计算的合理性, 满足电动机运行的性能指标与效率。

① 定子槽尺寸的二次修正计算　定子槽距调整为

$$t_1 = \frac{\pi D_{i1}}{Z_1} = 36.63 \text{mm}$$

可以按照每槽内导体及绝缘布置的尺寸来初步确定定子平行开口槽的尺寸, 另外由于样机的电压等级比较高, 应采用成型绕组, 采用绝缘漆包扁线。根据前已初取的定子电流密度, 可以估算出槽内一根导体的横截面积为

$$A_{c1} = \frac{I_1}{2J_1} = 6.9364 \text{mm}^2$$

据此初步选取的导线线规为 $a_1 b_1 = 7.1 \times 1$, 单根绕线制成成型绕组, 该线规对应的横截面积为 $A_{c1} = 6.885 \text{mm}^2$, 则对应的定子电流密度为

$$J_1 = \frac{I_1}{2A_{c1}} = 5.542 \text{A/mm}^2$$

初步定出每个槽内放置 24 根导体, 每个线圈边有 12 匝 (即 12 根导体), 每个槽内的两个线圈边分上下两层放置。根据 1 万伏电压等级, 初步设计的定子绝缘结构是: 中间是层间绝缘, 为 NHN 复合绝缘材料 3mm, 每匝导体包 0.5mm 厚匝绝缘, 线圈主绝缘厚度为 2mm, 用 6mm 槽楔将线圈固定。这样布置之后, 槽形尺寸中的槽宽为

$$b_{s1} = 7.1 + 0.5 \times 2 + 2 \times 2 = 12.1 (\text{mm})$$

再考虑嵌线公差应取为 $b_{s1} = 13 \text{mm}$, 槽高为

$$h_{s1} = 79 \text{mm}$$

再考虑嵌线公差应取为 $h_{s1} = 80 \text{mm}$, 按照这个槽形尺寸, 则定子齿宽将增加为

$$b_{t1} = t_1 - b_{s1} = 36.63 - 13 = 23.63 (\text{mm})$$

② 定子轭部二次修正计算　初步试取轭部磁密为: $B_{j1} = 1.265 \text{T}$, 计算极弧系数调整为 $\alpha'_p = 0.64$, 调整的根据, 将会在后面内容中说明, 则轭高为

$$h_{j1} = \frac{\tau \alpha'_p B_\delta}{2 K_{Fe} B_{j1}} = 167.4 \text{mm}$$

先取为 170mm, 再根据磁路计算需要可以调整。这样一来, 定子铁芯外径为

$$D_1 = D_{i1} + 2h_{s1} + 2h_{j1} = 1060 \text{mm}$$

下面根据这个值计算转子槽及导条尺寸的二次修正计算。

③ 转子导条截面积估算值　转子槽形改采用在工艺上实现的梨铝槽, 采用铸铝导条, 则转子导条截面积为

$$A_B = \frac{I_2}{J_2} = 288.0201\text{mm}^2$$

④ 转子齿、槽的二次估算值　转子齿距调整为

$$t_2 = \frac{\pi D_{i2}}{Z_2} = 43.175\text{mm}$$

初步试取转子齿磁密为 $B_{t2} = 1.45\text{T}$，则齿宽调整为

$$b_{t2} = \frac{t_2 B_\delta}{K_{Fe} B_{t2}} = 22.412\text{mm}$$

相应的槽宽调整为

$$b_{s2} = t_2 - b_{t2} = 43.175 - 22.412 = 20.763(\text{mm})$$

取整为：$b_{s2} = 24\text{mm}$。与之对应的齿宽为

$$b_{t2} = t_2 - b_{s2} = 19.175$$

则梨形槽的上底宽初设为 $b_{s21} = 32\text{mm}$，下底圆形半径初设为 $r_{21} = 8\text{mm}$。对于笼型转子可以认为导条截面积等于槽面积，所以转子槽高，按照梨形槽，初步估算为 $h_{s2} = 13\text{mm}$，转子梨形槽槽口尺寸为 $b_{02} = 1.5\text{mm}$，$h_{02} = 1\text{mm}$，而转子铁芯内径的二次估算值为

$$D_{t2} = D_{i2} - 2(h_{s2} + h_{02} + r_{21}) - 2h_{j2} = 208\text{mm}$$

⑤ 气隙磁通密度和磁位降的计算　每极磁通的计算如下：

$$\Phi_1 = \frac{E_1}{2.22 f_1 N_{\varphi1} K_{dp1}} = 0.233234\text{Wb}$$

按照饱和系数的初选：$K_T = 1.1$，查阅文献 [1]，可以查到与之对应的计算极弧系数为 $\alpha'_p = 0.64$。

⑥ 气隙磁密的计算值

$$B_\delta = \frac{\Phi_1}{\tau l_{ef} \alpha'_p} = 0.6836\text{T}$$

定转子开槽对气隙磁通有一定影响，可以用气隙系数来计入这个影响。对于定子开口槽，气隙系数为

$$K_{\delta1} = 1.1382$$

对于转子梨形槽，气隙系数为

$$K_{\delta2} = 1.00226$$

则总的气隙系数为

$$K_\delta = K_{\delta1} K_{\delta2} = 1.141$$

⑦ 气隙磁位降的计算值

$$F_\delta = \frac{K_\delta B_\delta \delta}{\mu_0} = 3104.506\text{A} \tag{4-38}$$

⑧ 定子齿部磁位降的计算 按照文献 [1]，齿磁密的计算公式为式（4-39）

$$B_{t1} = \frac{B_\delta l_{ef} t_1}{K_{Fe} l_t' b_t} \tag{4-39}$$

由于本样机的定子铁芯采用的是开口槽，所以齿部按非平行齿来考虑，其计算长度是

$$l_t' = l_t - 9 \times 9$$

式（4-39）中的其他符号都曾在前面内容出现过，所代表的意义一致。

齿顶处的齿宽为 $b_{t1} = 23.67\text{mm}$，利用式（4-39）计算此处的磁通密度为

$$B_{tx1} = 1.24\text{T}$$

经查文献 [1] 中的磁化曲线，对于电工硅钢片 0.5mm 厚 D24 的材料，在其磁化曲线上，与该磁密对应的磁场强度是

$$H_{tx1} = 6.85\text{A/cm} = 0.685\text{A/mm} \tag{4-40}$$

齿中部的齿宽为 $b_{t2} = 28.87\text{mm}$，利用式（4-39）计算此处的磁通密度为

$$B_{tx2} = 1.01\text{T}$$

经查文献 [1] 中的磁化曲线，对于电工硅钢片 0.5mm 厚 D24 的材料，在其磁化曲线上，与该磁密对应的磁场强度是

$$H_{tx2} = 3.71\text{A/cm} = 0.371\text{A/mm} \tag{4-41}$$

齿底部的齿宽为 $b_{t3} = 34.1\text{mm}$，利用式（4-39）计算此处的磁通密度为

$$B_{tx3} = 0.857\text{T}$$

经查文献 [1] 中的磁化曲线，对于电工硅钢片 0.5mm 厚 D24 的材料，在其磁化曲线上，与该磁密对应的磁场强度是

$$H_{tx3} = 2.67\text{A/cm} = 0.267\text{A/mm} \tag{4-42}$$

联合式（4-40）～式（4-42），则齿部总的磁位降为

$$F_{t1} = \frac{1}{6}(H_{tx1} + 4H_{tx2} + H_{tx3})h_{s1} = 32.48\text{A} \tag{4-43}$$

⑨ 转子齿部磁位降 齿顶处的齿宽为 $b_{tr1} = 41.518\text{mm}$，利用式（4-39）计算此处的磁通密度为

$$B_{tr1} = 0.83\text{T}$$

经查文献 [1] 中的磁化曲线，对于电工硅钢片 0.5mm 厚 D24 的材料，在其磁化曲线上，与该磁密对应的磁场强度是

$$H_{tr1} = 2.52\text{A/cm} = 0.252\text{A/mm}$$

齿中部的齿宽为 $b_{tr2} = 19.175\text{mm}$ ，利用式（4-39）计算此处的磁通密度为

$$B_{tr2} = 1.8\text{T}$$

经查文献［1］中的磁化曲线，对于电工硅钢片 0.5mm 厚 D24 的材料，在其磁化曲线上，与该磁密对应的磁场强度是

$$H_{tr2} = 110\text{A/cm} = 11\text{A/mm} \tag{4-44}$$

利用式（4-44）计算齿部磁位降为

$$F_{t2} = H_{tr2}h_{s2} = 143\text{A} \tag{4-45}$$

利用式（4-38）、式（4-43）、式（4-45）计算饱和系数的第一次迭代值

$$K_s = \frac{F_\delta + F_{t1} + F_{t2}}{F_\delta} = \frac{3104.506 + 32.48 + 143}{3104.506} = 1.0565 \tag{4-46}$$

⑩ 气隙磁通密度和磁位降的第二次计算　根据式（4-46）中的饱和系数的第一次迭代值 $K_{s1} = 1.0565$，查阅文献［2］，可以查到与之对应的波幅系数为：$F_s = 1.548$，则气隙磁密的第二次计算值按式（4-47）来取：

$$B_\delta = F_s \frac{\Phi}{\tau l_{ef}} = 1.548 \frac{\Phi}{\tau l_{ef}} = 0.6878\text{T} \tag{4-47}$$

与式（4-47）对应的气隙磁位降的第二次计算值为

$$F_\delta = \frac{K_\delta B_\delta \delta}{\mu_0} = 3123.754\text{A} \tag{4-48}$$

与式（4-47）对应的定子齿顶处的磁通密度为

$$B_{tx1} = 1.24\text{T}$$

经查文献［1］中的磁化曲线，对于电工硅钢片 0.5mm 厚 D24 的材料，在其磁化曲线上，与该磁密对应的磁场强度是

$$H_{tx1} = 6.85\text{A/cm} = 0.685\text{A/mm} \tag{4-49}$$

与式（4-47）对应的定子齿中部的磁通密度为

$$B_{tx2} = 1.02\text{T}$$

经查文献［1］中的磁化曲线，对于电工硅钢片 0.5mm 厚 D24 的材料，在其磁化曲线上，与该磁密对应的磁场强度是

$$H_{tx2} = 3.79\text{A/cm} = 0.379\text{A/mm} \tag{4-50}$$

与式（4-47）对应的定子齿底部的磁通密度为

$$B_{tx3} = 0.86\text{T}$$

经查文献［1］中的磁化曲线，对于电工硅钢片 0.5mm 厚 D24 的材料，在其磁化曲线上，与该磁密对应的磁场强度是

$$H_{tx3} = 2.67\text{A/cm} = 0.267\text{A/mm} \tag{4-51}$$

联合式（4-49）～式（4-51），则齿部总的磁位降为

$$F_{t1} = \frac{1}{6}(H_{tx1} + 4H_{tx2} + H_{tx3})h_{s1} = 32.9\text{A} \tag{4-52}$$

同理再计算转子齿部磁位降为

$$F_{t2} = H_{tr2}h_{s2} = 143\text{A} \tag{4-53}$$

利用式（4-48）、式（4-52）、式（4-53）计算饱和系数的第二次迭代值为

$$K_s = \frac{F_\delta + F_{t1} + F_{t2}}{F_\delta} = 1.0563 \tag{4-54}$$

比较式（4-46）与式（4-54），可见计算饱和系数的第二次迭代与第一次迭代误差较小，迭代结束。所以饱和系数取 $K_s = 1.0563$，查阅文献 [2]，对应的波幅系数为：$F_s = 1.548$，则对应的气隙磁密应还是式（4-47）的结果，气隙磁位降的计算值也仍然是式（4-48）的计算结果。

⑪ 定子轭部磁位降　鉴于在第⑩步骤里已经确定了气隙磁密与气隙磁位降，则现在可以确定下来该新型样机的每级磁通应为

$$\Phi_1 = B_\delta \alpha'_p \tau l_{ef} = 0.2329\text{Wb} \tag{4-55}$$

根据式（4-55）可以依次计算出轭部磁密为

$$B_{j1} = \frac{\Phi_1}{2K_{Fe}h'_j l_t} = 1.23\text{T} \tag{4-56}$$

经查文献 [1] 中的磁化曲线，对于电工硅钢片 0.5mm 厚 D24 的材料，在其磁化曲线上，与该磁密对应的磁场强度是

$$H_{j1} = 6.65\text{A/cm} = 0.665\text{A/mm} \tag{4-57}$$

齿联轭的平均直径，按式（4-58）计算

$$D_{j1av} = \frac{1}{2}[D_1 + (D_{j1} + 2h_{s1})] = 890\text{mm} \tag{4-58}$$

该式中的各个符号在前面内容中已经出现，意义相同，则齿联轭磁路的计算长度为

$$L_{j1} = \frac{\pi D_{j1av}}{2} \times \frac{1}{2} = 698.65\text{mm}$$

根据定子轭高与极距之间的比为 $\dfrac{h'_j}{\tau} = 0.193$，则系数 $C_{j1} = 0.67$，据此按式（4-59）计算定子轭部磁位降为

$$F_{j1} = C_{j1}H_{j1}L_{j1} = 311.28\text{A} \tag{4-59}$$

⑫ 转子轭部磁位降　与步骤⑪同理，可以计算出转子轭部磁位降。

首先转子轭部的磁路计算高度为

$$h'_{j2} = \frac{D_{i2} - D_{t2}}{2} - h_{s2} = 151.667$$

则轭部磁密为

$$B_{j2} = \frac{\Phi_1}{2K_{Fe}h'_{j2}l_t} = 1.38T$$

经查文献 [1] 中的磁化曲线，对于电工硅钢片 0.5mm 厚 D24 的材料，在其磁化曲线上，与该磁密对应的磁场强度是

$$H_{j2} = 10.6A/cm = 1.06A/mm \tag{4-60}$$

转子齿联轭的平均直径按式 (4-61) 计算

$$D_{j2av} = \frac{1}{2}(2h_{j2} + 2D_{t2}) = 359.667mm \tag{4-61}$$

同样式 (4-61) 中的各个符号已经在前面内容中出现，意义相同，则齿联轭磁路计算长度为

$$L_{j2} = \frac{\pi D_{j2av}}{2} \times \frac{1}{2} = 282.34mm$$

根据转子轭高与极距之间的比为 $\frac{h'_j}{\tau} = 0.173$，则系数 $C_{j2} = 0.29$，据此按式 (4-62) 计算转子轭部磁位降：

$$F_{j2} = C_{j2}H_{j2}L_{j2} = 86.79A \tag{4-62}$$

⑬ 励磁电流的确定　励磁电流是电动机的重要参数，关系到电动机的性能指标与功率因数。首先联合式 (4-48)、式 (4-52)、式 (4-53)、式 (4-59)、式 (4-62) 可以计算出每极励磁磁势：

$$F_0 = F_\delta + F_{t1} + F_{t2} + F_{j1} + F_{j2} = 3697.782A \tag{4-63}$$

据此计算出励磁电流为

$$I_m = \frac{2F_0}{1.35N_{\varphi1}K_{dp1}} = 25.857A \tag{4-64}$$

则励磁电流的标幺值为

$$i^*_m = \frac{I_m}{I_{KW}} = 0.39 \tag{4-65}$$

式中，I_{KW} 为计算电流基准值。

式 (4-65) 的这个结果符合 Y 系列 IP44 隔爆电动机运行所要求的励磁电流参数范围：0.33～0.56。因此本台样机的磁路计算通过。

(9) **参数计算**

在完成了磁路计算、确定好该新型样机定、转子结构尺寸的基础上，需要计算出该样机的各个参数，主要涉及电阻、电抗等电动机的重要参数。其中转子电阻的大小对电机转矩特性影响特别突出，漏电抗不能过小，否则启

动时将产生不能允许的冲击电流，但也不能过大，否则电动机的功率因数、最大和启动转矩均降低。所以这部分的计算非常重要，以此才能判断所确定了的各个结构尺寸是否合理，同时也决定了前期设计的成败。

① 定子绕组电阻

a. 定子线圈半匝平均长度　前已指出，样机的定子绕组使用双层线圈，参见图 4-2 所示的线圈示意图，其平均半匝长为

$$L_{c1} = L_D + 2C_s = l_t + 2d_1 + 2 \times \frac{1}{2}y\frac{1}{\cos\alpha} \tag{4-66}$$

对于 2 极电动机，线圈端部的弯角应取为：$\alpha = 26.6°$，代入式（4-66），则计算出定子线圈的半匝长为

$$L_{c1} = l_t + 2d_1 + 2 \times \frac{1}{2}y\frac{1}{\cos 26.6°} = 1.406\text{m}$$

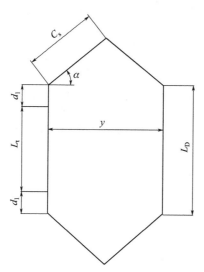

图 4-2　计算双层线圈半匝长的示意图

b. 计及集肤效应后的电阻平均增加系数　由于该电动机属于交流供电，涉及定子槽内导体的集肤效应现象，需要计算其对应的系数，为

$$K'_F = 1 + \left[\frac{\mu_0\pi f_1 mb}{3\rho b_{s1}}\right]^2 a^4 = 1.000825 \tag{4-67}$$

式中，ρ 为导体电阻率；a 为导体高度；b 为导体宽度；b_{s1} 为槽的宽度。其他符号与一般物理意义的符号相同。

c. 定子电阻的计算　将式（4-66）、式（4-67）代入电阻的计算公式（4-68）中，可以计算出该样机的定子电阻为

$$R_1 = K'_F \rho \frac{2 N_{\varphi 1} L_{cl}}{A_{cl} 2} = 1.282\Omega \tag{4-68}$$

式（4-68）中的各个符号已经在前文出现过，物理意义相同。

② 转子绕组电阻　本台样机是笼型异步电动机，转子绕组电阻由转子导条电阻与端环电阻两部分构成。

a. 转子导条电阻　根据前面设计确定好的转子导条截面积 A_B 与铁芯长度 l_t，按下式计算导条的实际电阻值是

$$R'_B = \rho \frac{l_t}{A_B} = 1.076 \times 10^{-4}\Omega \tag{4-69}$$

利用异步电动机的等效电路折算法，式（4-69）值折算到定子侧，按式（4-70）计算，则折算后的转子电阻是

$$R_B = \frac{3(N_{\varphi 1} K_{dp1})^2}{Z_2} R'_B = 0.3621\Omega \tag{4-70}$$

b. 折算到定子侧的端环相电阻　由于利用等效电路计算端环相电阻值比较方便，所以，这里可以直接计算折算到定子侧的端环相电阻为

$$R_R = 3(N_{\varphi 1} K_{dp1})^2 \left[\frac{D_R \rho}{2\pi A_R} \right] = 0.0511\Omega \tag{4-71}$$

联合式（4-70）、式（4-71），折算到定子侧的转子电阻为

$$R_2 = R_B + R_R = 0.413\Omega \tag{4-72}$$

c. 启动时的转子电阻计算　考虑转子启动时的集肤效应突出，则转子启动电阻应明显增加，可以用一种启动系数来计算这种增加。查阅文献［1］中转子导条相关尺寸的曲线，得到的启动系数为 $K_F = 4$，则启动电阻为

$$R_{22} = K_F R_2 = 4 \times 0.413 \tag{4-73}$$

③ 主电抗计算　为了后续计算方便，以标幺值表示的主电抗应按下式（4-74）计算：

$$X_m^* = \frac{I_N X_m}{U_{N\varphi}} \tag{4-74}$$

但按这个公式计算，数值比较麻烦，在工程上可以采用文献［1］中所列的求解过程，来完成对该值的计算。首先利用式（4-75）计算出主磁路系数：

$$k_m = \frac{\mu_0 \times \sqrt{2} K_{dp1} \tau}{\pi \delta_{ef}} = 0.0000722 \tag{4-75}$$

式中，δ_{ef} 为有效气隙长度，其余各个符号均在前面内容出现过，物理意义一致，然后再利用式（4-76）可以计算出主电抗的标幺值：

$$X_{\mathrm{m}}^{*} = k_{\mathrm{m}} \frac{A}{B_{\delta 1}} = 3.5 \qquad (4\text{-}76)$$

式中，A 为前面内容中提到的线负荷。

④ 漏电抗计算　定转子绕组的漏电抗通常分为：槽漏抗、谐波漏抗和端部漏抗，计算漏电抗公式可表示为

$$X_{\sigma} = 4\pi f \mu_0 \frac{N^2}{pq} l_{\mathrm{ef}} \sum \lambda \qquad (4\text{-}77)$$

式中，$\sum \lambda = \lambda_{\mathrm{s}} + \lambda_{\delta} + \lambda_{\mathrm{E}}$，分别为槽比漏磁导、谐波比漏磁导、端部比漏磁导，其余各个符号均在前面内容出现过，物理意义一致。

a. 定子槽比漏磁导　该样机的定子为双层短距绕组结构，则根据定子槽形、尺寸，按下面的式（4-78）~式（4-81）计算该双层短距绕组的槽比漏磁导：

$$\lambda_{\mathrm{a}} = \frac{h_1}{3b_{\mathrm{s}1}} + \frac{h_0}{b_{\mathrm{s}1}} = 1.23 \qquad (4\text{-}78)$$

$$\lambda_{\mathrm{b}} = \frac{h_3}{3b_{\mathrm{s}1}} + \frac{h_0 + h_1 + h_2}{b_{\mathrm{s}1}} = 4.23 \qquad (4\text{-}79)$$

$$\lambda_{\mathrm{ab}} = \frac{h_1}{2b_{\mathrm{s}1}} + \frac{h_0}{b_{\mathrm{s}1}} = 1.692 \qquad (4\text{-}80)$$

$$\lambda_{\mathrm{s}} = \frac{1}{4}(\lambda_{\mathrm{a}} + \lambda_{\mathrm{b}} + \lambda_{\mathrm{ab}}) = 1.79 \qquad (4\text{-}81)$$

上述各式中的符号表示的是定子槽的结构尺寸，均在前面内容中出现过，物理意义一致。

b. 定子谐波比漏磁导　这是表示气隙磁场谐波分量所对应的漏磁导，其定义为

$$\lambda_{\delta} = \frac{3}{\pi^2} \frac{q\tau}{\delta_{\mathrm{ef}}} \sum s \qquad (4\text{-}82)$$

式中的 $\sum s$ 是需要查表确定的一个系数，经过查文献［1］中计算谐波漏抗的图表，并将相关数据代入，则该台样机的定子谐波比漏磁导为

$$\lambda_{\delta} = 0.6754$$

c. 定子端部比漏磁导　这是表示定子端部空间位置的自感磁通所对应的漏磁导，其定义为

$$\lambda_{\mathrm{E}} = 0.57q \frac{\tau}{l_{\mathrm{ef}}} \left(\frac{3\beta - 1}{2} \right) \qquad (4\text{-}83)$$

式中的各个符号均在前面内容中出现过，物理意义一致。则该台样机的定子

端部比漏磁导为

$$\lambda_E = 3.358$$

d.定子漏抗标幺值 联合式（4-81）～式（4-83），定子侧总的比漏磁导为

$$\sum \lambda = \lambda_s + \lambda_\delta + \lambda_E = 5.8234$$

则用下式（4-84）计算定子漏抗标幺值为

$$X^*_{1\delta} = \frac{\sqrt{2}\,\pi\mu_0 \sum \lambda}{K_{dp1} \times 3q} \frac{A}{B_{\delta 1}} = 0.0792 \tag{4-84}$$

e.转子槽比漏磁导 该样机的转子为单笼绕组，且笼条充满整个转子槽，则用式（4-85）计算转子槽比漏磁导为

$$\lambda_{s2} = 0.62 + \frac{h_{02}}{b_{02}} = 2.12 \tag{4-85}$$

f.转子谐波比漏磁导 笼型转子的谐波比漏磁导系数与转子槽数及极数有关，经过查文献［1］中计算谐波漏抗的图表，可以查到与该样机设计相对应的笼型转子的谐波比漏磁导系数为 $\sum R = 0.0021$，则按照式（4-86）计算转子谐波比漏磁导为

$$\lambda_{\delta 2} = \frac{Z_2}{2p\pi^2} \frac{\tau}{\delta_{ef}} \sum R = 0.65662 \tag{4-86}$$

g.转子端部比漏磁导 这是表示转子端部空间位置的自感磁通所对应的漏磁导，其定义为

$$\lambda_{E2} = \frac{0.2523 Z_{2p}}{l_{ef}} \left(\frac{D_R}{2p} + \frac{l'}{1.13} \right) \tag{4-87}$$

式中的各个符号均在前面内容中出现过，物理意义一致。则该台样机的转子端部比漏磁导为

$$\lambda_{E2} = 2.796$$

h.转子漏抗标幺值 联合式（4-85）～式（4-87），转子侧总的比漏磁导为

$$\sum \lambda_2 = \lambda_{s2} + \lambda_{\delta 2} + \lambda_{E2} = 5.572$$

则用下式（4-88）计算转子漏抗标幺值为

$$X^*_{2\delta} = \frac{\sqrt{2}\,\pi\mu_0 \sum \lambda}{K_{dp1} \times 3q} \times \frac{A}{B_{\delta 1}} = 0.0758 \tag{4-88}$$

若考虑转子启动时存在明显的集肤效应，则转子启动电抗应减小，可以

用校正系数来计算这种减小。查阅文献 [1] 中转子导条相关尺寸的曲线，得到校正系数为 $K_x = 0.2$。则转子启动电抗为

$$X^*{}_{2\delta2} = K_x X^*{}_{2\delta} = 0.0152 \qquad (4\text{-}89)$$

⑤ 定转子电阻的标幺值　以定、转子的额定值为基准值，计算各个标幺值，其中定子电流的基准值为

$$I_{KW} = \frac{P_N}{\sqrt{3}U_N} = 64.665\text{A}$$

则可以计算出以下 4 个电阻的标幺值。

a. 阻抗基准值　$Z_N = \dfrac{U_{N\varphi}}{I_{KW}}$。

b. 定子电阻的标幺值　$R_1^* = \dfrac{R_1}{Z_N} = 0.01436$。

c. 转子电阻的标幺值　$R_2^* = \dfrac{R_2}{Z_N} = 0.00463$。

d. 转子启动电阻的标幺值　$R_2^* = \dfrac{R_{22}}{Z_N} = 0.0185$。

(10) 损耗计算

① 定子铁芯损耗　首先估算出该样机铁芯各个部位的质量，通过质量计算出各个部位的铁芯损耗，然后得出总损耗。

a. 定子轭部的质量

$$M_{j1} = \pi\left[\left(\frac{106}{2}\right)^2 - \left(\frac{56+8\times2}{2}\right)^2\right] \times 55 \times 0.93 \times 7.65 = 1858984\text{g}$$

b. 定子轭部基本损耗　损耗系数为

$$p_{hej} = p_{10/50} B_j^2 \left(\frac{f}{50}\right)^{1.3}$$

式中，B_j 取轭中最大磁密；$p_{10/50}$ 为与最大磁密相对应的单位质量损耗，可以在文献 [1] 中查到。该样机的设计中，初步选定文献 [1] 中列出的电工硅钢片 0.5mm 厚 $D24$，与前面求出的最大定子轭部磁密 $B_j = 1.23\text{T}$ 对应的单位质量损耗值是：$p_{10/50} = 3.16\text{W/kg}$，则轭部损耗系数为

$$p_{hej} = p_{10/50} B_j^2 \left(\frac{f}{50}\right)^{1.3} = 4.81$$

定子轭部基本铁损耗的计算式为

$$P_{Fej1} = k_a p_{hej} M_{j1} = 11621.97\text{W} = 11.622\text{kW} \qquad (4\text{-}90)$$

式中的 k_a 为经验系数，主要与电动机的容量有关，针对该样机，应取为 1.3。

c.定子齿部的质量

$$M_{t1} = \pi \left\{ \left[\left(\frac{56+8\times2}{2} \right)^2 - \left(\frac{56}{2} \right)^2 \right] - 48\times8\times1.3 \right\} \times 55\times0.93\times7.65$$

$$= 15727.029(\text{g})$$

d.定子齿部的基本损耗 前面求出的最大定子齿部磁密是 $B_j = 1.24\text{T}$,对应的单位质量损耗值是: $p_{10/50} = 3.21\text{W/kg}$,则齿部损耗系数为

$$p_{het} = p_{10/50} B_t^2 \left(\frac{f}{50} \right)^{1.3} = 4.97$$

定子齿部基本铁损耗的计算式为

$$P_{\text{Fet1}} = k_a p_{het} M_{t1} = 140.744\text{W} = 0.14\text{kW} \qquad (4\text{-}91)$$

e.铁芯基本损耗 异步电动机的铁耗,往往忽略转子铁芯的损耗,主要是定子铁芯消耗,所以联合式(4-90)、式(4-91)可以计算出铁芯基本损耗为

$$P_{\text{Fe1}} = P_{\text{Fej1}} + P_{\text{Fet1}} = 11.622 + 0.14 = 11.76\text{kW}$$

该损耗的标幺值为

$$p_{\text{Fe}}^* = \frac{p_{\text{Fe1}}}{P_{2\text{N}}} = \frac{11.76}{1120} = 0.01 \qquad (4\text{-}92)$$

f.励磁电阻

$$R_m = \frac{p_{\text{Fe}}}{i_m^2} \approx 5.342\Omega$$

其标幺值为

$$R_m^* = \frac{R_m}{Z_N} \approx 0.07062$$

② 定子电流 I_1 的计算 先利用异步电动机的等效电路将该样机的定子输入电流计算出来,才能计算其他损耗。

a.异步电动机的等效电路 为了方便计算与分析,本书采用异步电动机的较准确 Γ 型等效电路,为了提高精度,在转子侧电路中引入了修正系数 σ_1 ,为

$$\sigma_1 = 1 + \frac{Z_1}{Z_m} \approx 1 + \frac{X_{\sigma1}^*}{X_m^*} = 1.023$$

在实际计算时,由于图 4-3 中的各个物理量均为复矢量,计算起来过于复杂,一般可以忽略励磁支路的定子漏抗与电阻,仅仅计算励磁电抗即主电抗。

b.定子电流的计算 这里计算的定子电流,没有按照传统方法直接在图 4-3 中进行复矢量计算,而是采用了迭代法,详述如下。

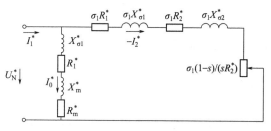

图 4-3 异步电动机的等效电路

初次计算定子电流时，只有电压是已知的，不直接计算，而是先按照下式假定一个效率的初始值，求出定子电流的有功分量，再反复迭代直至收敛。

首先设效率的初始值为：

$$\eta_1 = 95\%$$

则定子电流有功分量的标幺值是

$$I_{1P}^* = \frac{1}{\eta} = \frac{1}{0.95} = 1.0526$$

定子电流的无功分量的标幺值是 $I_{1Q}^* = I_X^* + I_m^*$，其中的励磁电流 I_m^*，前面已经求出，而转子电流无功分量的标幺值可以用下式求出：

$$I_X^* \approx \sigma_1 X_\sigma^* I_{1P}^{*2} \lfloor 1 + (\sigma_1 X_\sigma^* I_{1P}^*)^2 \rfloor = 0.18$$

定子电流第一次迭代计算为

$$I_1^* = \sqrt{I_{1P}^{*2} + I_{1Q}^{*2}} = 1.1973$$

则定子绕组铜损耗的标幺值为

$$p_{Cu1}^* = I_1^{*2} R_1^* = 0.0206 \tag{4-93}$$

转子电流的标幺值

$$I_2^* = I_1^* + I_m^* = \sqrt{I_P^{*2} + I_X^{*2}} = 1.068$$

则转子绕组铜损耗的标幺值为

$$p_{Cu2}^* = I_2^{*2} R_2^* = 0.00528 \tag{4-94}$$

附加损耗的标幺值为 $p_s^* = 0.01$，这是按照 2 极铸铝电动机的转子来考虑的。

为了后面的比较，此处给出常规结构的隔爆电动机的通风损耗，先按下式计算：

$$P_{fw} = 5.5 \times \left(\frac{6}{2}\right)^2 \times \left(\frac{D_{2j}}{10}\right)^3 \times 10^{-3} = 8.236 \text{kW}$$

该损耗的标幺值为

$$p^*_{\text{fw}} = \frac{p_{\text{fw}}}{P_{2n}} = \frac{8.236}{1120} = 0.007353 \qquad (4\text{-}95)$$

但是，蒸发冷却隔爆电动机无强力风扇，通风损耗则为 0。

则第一次迭代的效率为：$\eta = \left(1 - \dfrac{\sum p^*}{1 + \sum p^*}\right) \times 100\% = 94.95\%$

以这个效率值为起点进行第二次迭代：即取 $\eta_2 = 94.95\%$。

则定子电流有功分量的标幺值是

$$I^*_{1P} = \frac{1}{\eta_2} = \frac{1}{0.9495} = 1.0532$$

同理定子电流的无功分量的标幺值为：$I^*_{1Q} = I^*_{X} + I^*_{m}$，其中的转子电流无功分量的标幺值可以用下式求出：

$$I^*_{X} \approx \sigma_1 X^*_{\sigma} I^{*2}_{1P} \lfloor 1 + (\sigma_1 X^*_{\sigma} I^*_{1P})^2 \rfloor = 0.1806$$

定子电流第二次迭代计算为

$$I^*_1 = \sqrt{I^{*2}_{1P} + I^{*2}_{1Q}} = 1.19$$

则定子绕组铜损耗的标幺值为

$$p^*_{\text{Cu}1} = I^{*2}_1 R^*_1 = 0.02$$

转子电流的标幺值：$I^*_2 = I^*_1 + I^*_m = \sqrt{I^{*2}_P + I^{*2}_X} = 1.068$

则转子绕组铜损耗的标幺值为

$$p^*_{\text{Cu}2} = I^{*2}_2 R^*_2 = 0.00528$$

则第二次迭代的效率为

$$\eta = \left(1 - \frac{\sum p^*}{1 + \sum p^*}\right) \times 100\% = 94.95\%$$

第二次与第一次的计算结果十分接近，迭代结束，则定子电流有功分量的标幺值是

$$I^*_{1P} = \frac{1}{\eta} = \frac{1}{0.9495} = 1.0532$$

定子电流实际值为

$$I_1 = I^*_1 I_{KN} = 76.95\text{A}$$

与这个计算出的定子电流实际值相对应的定子电流密度为

$$J_1 = \frac{I_1}{2A_{c1}} = 5.59\text{A/mm}^2 \approx 5.6\text{A/mm}^2$$

与这个计算出的定子电流实际值相对应的电流密度分别为

$$J_2 = \frac{I_2}{A_B} = 4\text{A/mm}^2$$

③ 定子绕组铜损耗　利用式（4-93）标幺值计算定子绕组铜损耗的实际值。

$$P_{Cu1} = p^*_{Cu1} P_N = 23.07\text{kW}$$

④ 转子绕组铜损耗　利用式（4-94）标幺值计算转子绕组铜损耗的实际值。

$$P_{Cu2} = p^*_{Cu2} P_N = 5.91\text{kW}$$

⑤ 附加损耗　按照 2 极铸铝电动机转子来考虑，计算的附加损耗实际值为

$$P_s = p^*_s P_N = 0.01 \times 1120 = 11.2\text{kW}$$

（11）**设计方案的验证**

对于上述设计结果，可以利用功率因数与效率等指标验证设计方案的正确性。

① 效率验证

$$\eta = \frac{P_1 - \sum P}{P_1} = \frac{\sqrt{3}U_N I_N \cos\varphi - P_{Cu1} - P_{Cu2} - P_s - P_{Fe}}{\sqrt{3}U_N I_N \cos\varphi} = 94.89\%$$

该结果符合隔爆电动机的效率设计指标要求。

② 功率因数验证

$$\cos\varphi = \frac{I^*_P}{I^*_1} = \frac{1.0532}{1.19} = 0.885 \approx 0.89$$

该结果符合隔爆电动机的功率因数设计指标要求。

③ 额定转差率

$$s_N = \frac{p^*_{Cu2}}{p^*_{em}} = \frac{p^*_{Cu2}}{1 + p^*_{Cu2} + p^*_{fw} + p^*_s} \approx 0.005$$

该样机的额定转差率为 $s_N = 0.005$ 符合期望值。

通过以上三个主要指标的验算，该样机的电磁方案满足设计要求，校核通过。

（12）**运行（包括启动）性能的计算**

① 满载电动势的计算

$$K_E = 1 - \varepsilon_L = 0.94$$

与前面的预设值比较符合。

② 最大转矩倍数

$$T_{\mathrm{m}}^* = \frac{T_{\mathrm{m}}}{T_{\mathrm{N}}} = \frac{1-s_{\mathrm{N}}}{2(R_1^* + \sqrt{R_1^{*2} + X_\sigma^{*2}})} = 2.9$$

③ 启动电流的计算　首先假设启动电流初始值为

$$I'_{\mathrm{st}} = 2.5 T_{\mathrm{m}}^* I_{\mathrm{KW}} = 472.91\mathrm{A} \tag{4-96}$$

以此为基础完成下列计算。

定子每槽磁动势为

$$F_{\mathrm{s1}} = \sqrt{2} \times \frac{I'_{\mathrm{st}}}{2} N_{\mathrm{s1}} K_{\mathrm{U1}} = 8026.7\mathrm{A}$$

其中得双层短距槽口的节距漏抗系数为

$$K_{\mathrm{U1}} = \frac{3\beta+1}{4} = \frac{3 \times \frac{2}{3} + 1}{4} = \frac{3}{4}$$

转子每槽磁动势，按照启动时转子电流的折算值与启动电流相等来考虑。则有如下计算：

$$F_{\mathrm{s2}} = \sqrt{2}\, I'_{\mathrm{st}} \times \frac{3 N_{\varphi 1} K_{\mathrm{dp1}} K_{\mathrm{d1}}}{Z_2} = 10154.2\mathrm{A}$$

则启动时电动机内产生的定转子漏磁的磁动势平均值为

$$F_{\mathrm{st}} = \frac{1}{2}(F_{\mathrm{s1}} + F_{\mathrm{s2}}) \sqrt{1-\varepsilon_0} = 8949.96\mathrm{A} \tag{4-97}$$

式 (4-96) 中对转子启动电流的近似处理进行了修正，修正系数为

$$1-\varepsilon_0 = 1 - I_{\mathrm{m}}^* X_{\sigma 1}^* = 0.97$$

与启动时定转子漏磁的磁动势平均值对应的虚拟磁密为

$$B_{\mathrm{L}} = \frac{\mu_0 F_{\mathrm{st}}}{2\delta\beta_{\mathrm{c}}} = 0.888\mathrm{T} \tag{4-98}$$

式 (4-98) 中气隙长度与定转子齿距之间，用下面的经验公式进行了修正：

$$\beta_{\mathrm{c}} = 0.64 + 2.5\sqrt{\frac{\delta}{t_1 + t_2}} = 1.266 \tag{4-99}$$

式中，δ 为气隙长度；t_1、t_2 分别为定、转子的齿距。根据虚拟磁密式 (4-98) 查文献 [1] 中的相关图表，得到漏磁饱和系数为：$K_{\mathrm{x}} = 0.98$，则启动时定转子谐波漏抗分别为

$$X_{\delta 1(\mathrm{st})}^* = K_{\mathrm{x}} X_{\delta 1}^*, \quad X_{\delta 2(\mathrm{st})}^* = K_{\mathrm{x}} X_{\delta 2}^*$$

与之对应的，定转子谐波比漏磁导分别减少为

$$\lambda_{\delta 1(\mathrm{st})} = K_{\mathrm{x}} \lambda_{\delta 1}, \quad \lambda_{\delta 2(\mathrm{st})} = K_{\mathrm{x}} \lambda_{\delta 2}$$

启动时由于漏磁饱和引起的定子齿顶宽相应减少，为

$$c_{s1} = (t_1 - b_{01})(1 - K_x)$$

定子开口槽启动时，槽口漏磁导相应减少为

$$\Delta\lambda_{U1} = \frac{h_{01}}{b_{01}}\left[\frac{c_{s1}}{b_{01} + c_{s1}}\right] = 0.011$$

定子绕组的节距漏抗系数分别为

$$K_{U1} = \frac{3}{4}, \quad K_{L1} = \frac{9\beta + 7}{16} = \frac{13}{16}$$

定子开口槽槽口比漏磁导为

$$\lambda_{U1} = \frac{h_{01}}{b_{01}} = \frac{4}{13}$$

槽下部比漏磁导为

$$\lambda_{L1} = \frac{h_{21}}{3b_s} = \frac{75}{3 \times 13}$$

则启动时定子槽比漏磁导为

$$\lambda_{s1(st)} = K_{U1}(\lambda_{U1} - \Delta\lambda_{U1}) + K_{L1}\lambda_{L1} = 1.785$$

启动时定子端部比漏磁导与运行时相同为

$$\lambda_E = 0.57q\frac{\tau}{l_{ef}}\left[\frac{3\beta - 1}{2}\right] = 3.358$$

启动时定子总漏抗为

$$X_{\sigma1(st)}^* = 0.079$$

启动时由于漏磁饱和引起的转子齿顶宽相应减少，为

$$c_{s2} = (t_2 - b_{02})(1 - K_x)$$

转子启动时，槽口漏磁导为

$$\Delta\lambda_{U2} = \frac{h_{02}}{b_{02}}\left[\frac{c_{s2}}{b_{02} + c_{s2}}\right] = 0.238$$

转子槽口比漏磁导为

$$\lambda_{U1} = \frac{h_{02}}{b_{02}} = \frac{1}{1.5}$$

槽下部比漏磁导为

$$\lambda_{L2} = \frac{2h_{12}}{b_{02} + b_{12}} + \lambda_L = 0.56$$

则启动时转子槽比漏磁导为

$$\lambda_{s1(st)} = K_{U2}(\lambda_{U2} - \Delta\lambda_{U2}) + K_X\lambda_{L2} = 0.98$$

启动时转子端部比漏磁导与运行时相同为

$$\lambda_{E2} = \frac{0.2523Z_{2p}}{l_{ef}}\left(\frac{D_R}{2p} + \frac{l'}{1.13}\right) = 2.796$$

启动时转子总漏抗为

$$X_{\sigma2(st)}^* = 0.06$$

则启动时定转子总漏抗为

$$X_{\sigma(st)}^* = X_{\sigma1(st)}^* + X_{\sigma2(st)}^* = 0.14$$

根据转子导条高度为基准值，查阅文献［1］中的相关图表，得到启动时转子导条的电阻增加系数为：$K_F = 3.9$，则启动时转子导条电阻标幺值为

$$R_{2(st)}^* = \left[K_F\left(\frac{l_{t2} - Nb_v}{l_B}\right) + \frac{l_B - l_{t2} + Nb_v}{l_B}\right]R_B^* + R_R^* = 0.0149$$

启动时总电阻为定、转子启动电阻之和，其标幺值为

$$R_{st}^* = R_1^* + R_{2(st)}^* = 0.0292$$

启动时总阻抗的标幺值为

$$Z_{st}^* = \sqrt{R_{st}^* + X_{\sigma(st)}^*} = \sqrt{0.0292^2 + 0.14^2} = 0.142$$

则启动电流的第一次迭代计算值为

$$I_{st} = \frac{I_{KW}}{Z_{st}^*} = 455A \tag{4-100}$$

比较式（4-96）与式（4-100），可知启动电流第一次迭代的计算值与假设值之间存在误差，需要第二次迭代，则取假设值 $I'_{st} = 455A$，以此为基础，按照上述过程进行第二次迭代计算，得到启动电流的第二次迭代计算值为

$$I_{st} = \frac{I_{KW}}{Z_{st}^*} = 450A \tag{4-101}$$

比较式（4-100）与式（4-101），可见，启动电流第二次迭代的计算值与假设值之间的误差小于 3%，则迭代收敛。则

$$I_{st} = 450A$$

④ 启动转矩的计算　启动转矩是指转差率 $s = 1$ 时的电磁转矩，同样这里计算的仍是启动转矩倍数。根据迭代计算出来的启动电流式（4-101），可以利用式（4-102）计算出启动转矩：

$$T_{st}^* = \frac{T_{st}}{T_N} = \frac{R_{2(st)}^*}{Z_{st}^{*2}}(1 - s_N) = 0.734 \approx 1 \tag{4-102}$$

4.3.3　新型隔爆电动机蒸发冷却空间的设计

新型隔爆电动机的定子采用蒸发冷却技术后，必须要形成密闭的空间，

这个空间在传热学中称之为蒸发器空间。发热体一般处于蒸发器的中下部，冷却介质吸热蒸发后密度变小、上升与冷凝器进行热交换，所以蒸发器的上部应该是介质蒸气空间，这个空间在设计蒸发器时必须要有所考虑，留出足够的蒸发空间，否则蒸发器内的压力将会急剧增大，无法实现正常的蒸发冷却过程。

液态冷却介质沸腾时，要吸收大量的热，热量的来源就是电动机定子的损耗，然后转变成气态，这个气态的体积就是介质的蒸发空间，用介质的汽化潜热能够计算出来。以下针对本台样机，详细计算定子密封腔体内的蒸发空间。

当腔体内的温度达到介质的沸点温度，例如取 $t=70℃$ 时，根据某一液态蒸发冷却介质的物理参数，汽化潜热为

$$r=21.4\text{kJ/kg} \tag{4-103}$$

饱和蒸气比体积为

$$v=\frac{1}{\rho}=\frac{1}{1.72}=0.5813\text{m}^3/\text{kg} \tag{4-104}$$

再根据传热学理论，介质循环蒸发成气体的体积为

$$V=\frac{\Phi}{r}v \tag{4-105}$$

式中的 Φ 为热流量，也就是定子侧的损耗，根据前面的设计结果与后续章节的数值计算结果，定子损耗的计算值为

$$\Phi=46.03\text{kW} \tag{4-106}$$

联合式（4-103）～式（4-106），则本台样机所需要的蒸发空间为

$$V=\frac{\Phi}{r}v=\frac{46.03\times10^3}{21.4\times10^3}\times0.5813=1.25(\text{m}^3)$$

即在定子密封腔体内，必须在充液表面与风冷凝管之间留出 1.25m^3 的蒸发空间。而充液面往往是将整个定子完全浸泡。

如果按照样机电磁计算单中定子结构的设计结果，这个蒸发空间所对应的蒸气空间高度是

$$\Delta h=\frac{V}{LD_1\pi}\approx0.28\text{m}$$

因此，在定子密封腔体的上部应该预留空间的高度是 0.28m。

4.4 1120kW 隔爆电动机的新型结构与常规结构的比较

1120kW 蒸发冷却隔爆电动机的结构，是一种前所未有的、有突破性的结构，无论是电磁参数，还是体积与材料用量，都对常规结构有突破，为了说明该新型结构的优势，将 4.3 节中所述的这两种结构的一些电磁设计结果列于表 4-1 中，以做比较。

表 4-1 新型结构与常规结构的比较

序号	名称	设计值		单位
		新型结构	常规结构	
1	输出功率 P_N	1120	1120	kW
2	相数	3	3	
3	接法	Y 连接	Y 连接	
4	额定电压	10	10	kV
5	效率	94.9%	93.7%	
6	极对数	1	1	
7	定子槽数	48	96	
8	转子槽数	40	80	
9	定子内径	560	590	mm
10	定子外径	1060	1180	mm
11	转子外径	550	593	mm
12	转子内径	208	210	mm
13	铁芯有效长度	0.63	0.81	m
14	定子绕组形式	双层短距	双层短距	
15	并联支路数	2	2	
16	定子槽形	开口槽	开口槽	
17	转子导条	铸铝导条	铸铝导条	
18	气隙磁密	0.6878	0.7222	T
19	定子绕组平均半匝长	1.406	1.68	m
20	定子相电阻	1.28	1.25	Ω
21	定子电流密度	5.6	3.5	A/mm²

续表

序号	名称	设计值		单位
		新型结构	常规结构	
22	转子导条电流密度	4.0	3.0	A/mm²
23	定子铁芯质量	轭部：1858.984 齿部：15.727	轭部：2660.702 齿部：30.451	kg
24	基本铁耗	11.76	11.81	kW
25	定子绕组铜损耗	23.07	22.52	kW
26	附加损耗	11.2	12.2	kW
27	通风损耗	0	8.236	kW
28	功率因数	0.89	0.89	
29	最大转矩倍数	2.9	1.9	
30	启动转矩倍数	1	0.75	

从表中的第 9~13 项可见，不论是长度还是外径上，新型电动机都比常规结构的尺寸明显减小，使得新型结构的电流密度明显高于常规结构，即表中的第 21 项，也使得新型结构的定转子槽数明显小于常规结构，是常规结构的一半，见表中的第 7、8 两项；由于新型结构的长度明显小于常规结构，则新型结构的定子绕组半匝长也小于常规结构，所以，尽管新型结构因电流密度大而导致定子电阻比常规结构有大幅度增加趋势，但用长度相比，又可以抵消一部分，见第 19 项，使得最后的定子电阻，新型结构比常规结构略有增加；但是从表 4-1 中第 23~27 项所反映的总的设计效果来看，第 23 项的质量说明了材料用量，新型结构仅占常规结构的 70%，尽管第 26 项的电阻损耗，因新型结构的定子电阻略大于常规结构而导致损耗增加，但是又因为新型结构的定转子槽数比常规结构减小，使得附加损耗也随之减小，不仅如此，由于新型电动机的定子采取蒸发冷却结构，转子也采取与蒸发冷却相关的冷却方式，进而取消了整个电动机的风扇，新型结构的电动机没有通风损耗，即第 27 项，因而新型电动机的总效率比常规电动机提高了 1.2 个百分点；在力能指标上，即表中的第 29、30 两项，与常规电动机相比，由于新型电动机的体积小、电磁负荷高，即功率密度大，使得新型电动机的最大转矩倍数提高了 1.5 倍多，启动转矩倍数提高了 1.3 倍多。也正是由于电动机的整个体积减小，为了明显降低振动噪声，在表中的第 18 项，将该新型样机的气隙磁密略有降低，低于常规结构，同时又将发出振动噪声的主体，即整个定子，密封浸泡在液态蒸发冷却介质里，该蒸发冷却介质对定子的电磁振动趋势产生

极大的阻尼作用而阻止其振动，进而阻止其产生噪声，另外取消了风扇，进一步去掉了原隔爆电动机强力风扇所对应的振动噪声源头。

值得一提的是，本章所述的仅仅是电磁设计，通过电磁设计可以明显减小新型隔爆电动机的体积与重量，而后续章节的发明创造，通过优化设计，将在这个基础上进一步再减小隔爆电动机的体积与重量。

本章小结

电磁设计是研制新型电动机的前提与基础，本章从效率与振动噪声两个问题出发，对电动机的尺寸、电磁负荷、磁路计算、参数计算、输出力矩等方面，运用电动机设计理论，再结合蒸发冷却方式特点，对该新型隔爆电动机进行了完整的设计，经过最后对两种电磁设计方案的比较，说明这台新型隔爆电动机实现了在 4.2 节中的研究目标，为后续的物理场仿真计算与模型试验研究提供了建模依据。

参考文献

[1] 陈世坤. 电机设计 [M]. 北京：机械工业出版社，1989.
[2] 傅丰礼. 异步电动机设计手册 [M]. 北京：机械工业出版社，2007.
[3] 清华大学教研室. 高电压绝缘 [M]. 北京：水利电力出版社，1986.

第5章

新型隔爆电动机定子温度场、电场与冷凝器工效的研究

5.1 引言

蒸发冷却隔爆电动机的电磁设计初步方案已经完成，该方案是否适合于蒸发冷却，是否能够达到蒸发冷却已经在其他机组上实现的超容量运行效果，这些问题的答案直接决定了该新型样机研制的成败与价值。基于此，接下来就应该重点研究该新型电动机定子采用浸泡式蒸发冷却结构后，其三维温度分布状况与高压电场分布状况，只有获得了可靠的温度与电场强度分布结果才能为将来的制造与应用带来信心与希望，也为后续的优化设计提供重要的信息。蒸发冷却原理是普遍适用的基本物理规律，是人类共同的知识财富，不存在知识产权问题，而如何运用这一普适真理转化为独立自主的知识产权，却是该新型电动机研制过程中不可回避、必须解决的当务之急，所以二次冷却技术与结构的创新是关键。本项目不能沿用可能引起侵权之争的水冷凝器，再结合隔爆电动机的固定模式与风冷结构，由此诞生出风冷凝器这一新型的二次热交换技术，该技术是否可行，是否能够像水冷凝器一样灵活调控蒸发冷却密封腔体内的压力，同样需要有一个较为明确的答案。鉴于数值计算仿真可以在理论上预见到浸泡式蒸发冷却隔爆电动机定子三维温度场的分布规律以及二维电场强度的分布，况且这方面的仿真过程已经很成熟了，还能够运用数值计算仿真实现风冷管道内外三维流体场的温度分布状况，因此数值计算是现阶段解决这些问题的最好方法。

5.2 浸泡式蒸发冷却定子温度场的数值计算

从整个电动机发展史来看，电动机温升计算的常规方法是热等效线路法，这种方法算出的温升值没有考虑热源体（即铜铁）自身的温度分布，而电动机运行期间，无论是铜还是铁，它们本身温度远非均匀分布的，所以，这种方法只是一种近似的简化处理手段。

随着计算机技术和数值计算方法的发展，电动机设计人员对应用数值计算理论研究电动机温度场分布的需求越来越高。电动机温度场的准确计算，不仅能保证电动机设计结构的可靠性、合理性，而且在提高机组运行效率、优化机组设计、降低电动机体积或制造成本等方面有着重要的应用价值，特别是对于确定电动机中局部过热点问题、温升控制问题等的研究，具有特殊重要意义。电动机温度场问题可归结为偏微分方程的边值问题，利用有限元法，借助计算机，可较准确地计算电动机的温度分布，为电动机参数的选择、电动机结构的合理调整提供参考。

5.2.1 定子最热段三维温度场的仿真计算模型

尽管有限元数值分析理论已经十分成熟，但处理实际电动机中的温度分布计算仍是一个难题，这是由于几何形状复杂，有各种不同的传热方式，热源分布不均匀、非线性等等的障碍，还存在难于确定散热系数的问题。唯一的解决办法是对所要计算的区域进行合理有效的简化，笔者参考了许多学术论文中的这方面研究内容，目的就是最大限度地近似计算电动机中那些重要部位和点的温度。

浸泡式蒸发冷却定子是将整个定子密封在腔体内，被其内充放的液态蒸发冷却介质完全浸泡。定子的端部、铁芯表面与蒸发冷却介质充分接触，热量很快被带走，所以定子中最热段应位于直线部分中心定子槽内的绕组中。本书在参考了其他冷却方式的汽轮发电机定子三维温度场计算的基础上，为了提高仿真计算的可信度，考虑电磁线绝缘对定子绕组最热段温度的影响，据此确定了如下的求解区域：由电动机定子结构的对称性，可取电动机定子的半挡铁芯、半个齿距和半个径向流液沟的铁芯、槽和蒸发冷却介质作为三维温度场的计算区域，用 ANSYS 软件实现该计算区域的建模，如图 5-1 所示。

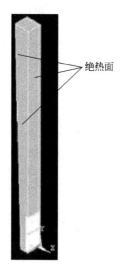

图 5-1　定子三维温度场的计算区域

接下来根据计算精度与计算机资源情况，选定有限元网格的剖分密度，实施网格剖分，剖分后的效果见图 5-2。

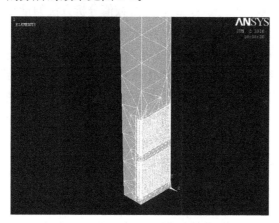

图 5-2　定子计算区域的网格剖分

根据实际情况和传热学知识，做如下假设：

① 定子绕组和铁芯的最热段位于整个铁芯的中部，中间截面是绝热面；

② 定子中心段两侧的径向流液沟的中心截面是绝热面；

③ 由周向的对称性，槽中心面与齿中心面均是绝热面；

④ 由于定子绕组温升不是很高，可以不考虑因温度变化所引起的电阻变化，即铜耗只随电负荷的变化而改变。

根据传热学理论，在直角坐标系下，媒质中三维稳态热传导方程为

$$\left.\begin{array}{ll} \lambda_x \dfrac{\partial^2 T}{\partial x^2} + \lambda_y \dfrac{\partial^2 T}{\partial y^2} + \lambda_z \dfrac{\partial^2 T}{\partial z^2} = -q & \\ \dfrac{\partial T}{\partial n} = 0 & \text{在 } S_p \text{ 上} \\ -\lambda \dfrac{\partial T}{\partial n} = \alpha(T - T_f) & \text{在 } S_q \text{ 上} \end{array}\right\} \tag{5-1}$$

式中，S_p 为绝热面；S_q 为各种散热面；λ_x、λ_y、λ_z 为 x、y、z 方向的热导率；q 为热流密度；α 为对流散热系数或沸腾换热系数；T_f 为传热流体的温度；T 为待求解的温度。

热辐射换热的方程，则根据斯第芬-玻耳兹曼定律列出

$$\left.\begin{array}{l} C_1 \left[\left(\dfrac{T+273}{100}\right)^4 - \left(\dfrac{T_0+273}{100}\right)^4 \right] = q \\ C_1 = \varepsilon C_0 \end{array}\right\} \tag{5-2}$$

式中，C_1 为表面辐射系数；ε 为灰体黑度；C_0 为绝对黑度；T_0 为周围介质温度；T 为辐射体表面的待求温度。

联合方程式（5-1）、式（5-2），通过数值分析方法的推导，将求解域内的温度场定解问题描述为下式：

$$[K_T]\{T\} + [R_T]\{T+273\}^4 = \{F_T\} + \{F_{TE}\} \tag{5-3}$$

式中，K_T 和 R_L 分别为计算热传导和热辐射矩阵；T 为要求解的温度矢量矩阵；F_T 为外附加热负载矢量；F_{TE} 为电、磁负荷对应的热负载矢量，主要指涡流损耗。

5.2.2 计算定子中的热源分布

电动机定子三维温度场问题中的热源确定，其难度及准确程度主要体现在对定子槽内绕组涡流损耗的处理上。本书在查阅整理大量中外文献的基础上，归纳出三种计算涡流损耗的方法。方法一：文献 [7] ～ [12] 计算的是实心导体，根据电磁场理论推导定子上、下层绕组属于同相槽和异相槽时，槽内各根股线的电阻增大系数表达式，即上、下层绕组的菲尔德系数，由此计算了各根股线内涡流损耗值，将温度场计算结果与实测的温度结果进行比较，发现不论采用哪种损耗分布系数，两种结果相差不是很大，说明这种涡流损耗的处理方法能够满足工程误差的要求；方法二：文献 [13] [14] 计算的是带有内冷管道的空心导体，这两个文献不考虑绕组的位置、相位对涡流

损耗分布的影响，而假定涡流效应对每根股线的影响相同，故计算定子绕组铜损耗时取其平均值，这样计算较简便，对绕组外层温度分布的计算较为理想，但不能反映出定子绕组内部实际温度分布；方法三：文献［15］～［23］采用的是电磁场与热场相互直接耦合，将两种物理场方程结合在一起推导出有限元数值计算的离散格式，计算难度及计算量最大，但最终得到的温度场分布的结果精度最高。笔者将方法二与方法三相结合起来，分别计算定子铁芯、绕组内的基本损耗与涡流损耗。

综上所述，在定子最热段计算模型的求解区域内，热源是定子的各项损耗，主要由铁耗，包括铁芯叠片内的涡流损耗、磁滞损耗，和定子绕组的电气损耗，包括基本铜耗与实心导体内的涡流损耗组成。对于铁芯磁滞损耗，已经在 4.3.2 节（10）中给出了计算过程，详见式（4-90）、式（4-91）等，求得定子内的磁滞损耗后，以人为赋予平均热流密度的方式，加载到图 5-1 所示的求解场域中的铁芯区域内，再由 ANSYS 软件转成计算模型式（5-3）中的外附加热负载矢量 F_T，而式（5-3）中的电、磁负荷对应的热负载矢量 F_{TE}，则需要运用有限元数值计算才能得到。

5.2.3　定子铁芯、绕组内涡流场与热场的耦合计算

电磁、热场（也称温度场）的耦合计算，分为直接耦合与间接耦合，在实现手段上存在采用有限元法或边界元法两种数值方法。本书所使用的仿真工具——ANSYS 软件，则是选择了间接耦合原理，即首先计算各项有功损耗，再代入式（5-3）中的热负载矢量矩阵 F_{TE} 中；对电磁场与热场的物理方程求解，ANSYS 软件选择采用有限元数值计算方法来实现。

ANSYS 软件计算涡流损耗的具体过程是：将相应的频域电磁场计算的边界条件与激励加载到计算模型中，由电磁计算模块自动予以完成。

根据电磁场理论，本书沿用矢量磁位 A、标量电位 $\varPhi$ 作为涡流场边值方程的求解量，见图 5-1，径向的槽中心截面为磁场的正交对称面、电场的平行等位面，在其上 A 满足第二类齐次边界条件 $\dfrac{\partial \vec{A}}{\partial n}=0$，$\varPhi$ 满足第一类边界条件为定值；径向齿中心截面与轴向齿、轭中心截面，是磁场的平行对称面，属第一类边界条件，A 为定值，而与电场方向的正交，属于第二类齐次边界条件 $\dfrac{\partial \varPhi}{\partial n}=0$；激励为定子绕组内的额定电流密度，沿定子轴向加载在两层定子

绕组的铜导体区域内，计算频率取工频 50 Hz。求得表征电磁场特征的矢量位 $\boldsymbol{A}$、标量位 $\boldsymbol{\Phi}$ 后，便能利用式 (5-4) 唯一地确定场矢量 $\boldsymbol{B}$ 和 $\boldsymbol{E}$：

$$\left.\begin{aligned}\dot{\boldsymbol{B}} &= \nabla \times \dot{\boldsymbol{A}} \\ \dot{\boldsymbol{E}} &= -\nabla \Phi - \dot{\boldsymbol{A}}\end{aligned}\right\} \tag{5-4}$$

在分析交流电磁场时，通常用复数形式建立数学模型，而场中线性媒质的材料参数与场的频率有关，见式 (5-5)：

$$\boldsymbol{D} = \hat{\varepsilon}(\omega) \boldsymbol{E}$$
$$\boldsymbol{B} = \hat{\mu}(\omega) \boldsymbol{H} \tag{5-5}$$
$$\boldsymbol{J}^c = \hat{\sigma}(\omega) \boldsymbol{E}$$

式中，$\boldsymbol{D}$、$\boldsymbol{B}$、$\boldsymbol{J}^c$、$\boldsymbol{E}$、$\boldsymbol{H}$ 分别是复数形式的位移电流、磁通密度、传导电流密度、电场强度、磁场强度；ε、μ、σ 分别代表介电常数、磁导率和电导率；ω 为频率。根据流的广义概念，电磁场中感应的电流与磁流的定义是

$$\boldsymbol{J} = (\hat{\sigma} + j\omega\hat{\varepsilon}) \boldsymbol{E} = \hat{y}(\omega) \boldsymbol{E}$$
$$\boldsymbol{M} = j\omega\hat{\mu}\boldsymbol{H} = \hat{z}(\omega) \boldsymbol{H} \tag{5-6}$$

注：$\partial B / \partial t$ 被定义为磁位移流，简称磁流 $\boldsymbol{M}$。

若计及场中的激励源，则交流电磁场的复数模型为

$$-\nabla \times \boldsymbol{E} = \hat{z}(\omega) \boldsymbol{H} + \boldsymbol{M}^i = \boldsymbol{M}^t$$
$$\nabla \times \boldsymbol{H} = \hat{y}(\omega) \boldsymbol{E} + \boldsymbol{J}^i = \boldsymbol{J}^t \tag{5-7}$$

式中，$\boldsymbol{M}^i$、$\boldsymbol{J}^i$ 代表交流电磁场中的电与磁激励源。

电磁场中的功率密度，通常用坡印亭矢量表示：

$$\boldsymbol{S} = \boldsymbol{E} \times \boldsymbol{H} \tag{5-8}$$

坡印亭矢量的复数形式是

$$\boldsymbol{S} = \boldsymbol{E} \times \boldsymbol{H}^* \qquad . \tag{5-9}$$

以 $\boldsymbol{H}^*$ 左点乘式 (5-7) 中的第一式等号两侧，$\boldsymbol{E}$ 左点乘式 (5-7) 中的第二式等号两侧，然后将两式相加得到式 (5-10) 的结果。

$$\boldsymbol{E} \cdot \nabla \times \boldsymbol{H}^* - \boldsymbol{H}^* \cdot \nabla \times \boldsymbol{E} = \boldsymbol{E} \cdot \boldsymbol{J}^t + \boldsymbol{H} \cdot \boldsymbol{M}^t \tag{5-10}$$

而 $\nabla \cdot \boldsymbol{S} = \nabla \cdot (\boldsymbol{E} \times \boldsymbol{H}^*) = \boldsymbol{E} \cdot \nabla \times \boldsymbol{H}^* - \boldsymbol{H}^* \cdot \nabla \times \boldsymbol{E}$

所以

$$\nabla \cdot (\boldsymbol{E} \times \boldsymbol{H}^*) + \boldsymbol{E} \cdot \boldsymbol{J}^{t*} + \boldsymbol{H}^* \cdot \boldsymbol{M}^t = 0 \tag{5-11}$$

将式 (5-11) 对计算域进行体积分，并应用散度定理，其结果是

$$\oiint \boldsymbol{E} \times \boldsymbol{H}^* \cdot \mathrm{d}s + \iiint (\boldsymbol{E} \cdot \boldsymbol{J}^{t*} + \boldsymbol{H}^* \cdot \boldsymbol{M}^t) \mathrm{d}r = 0 \tag{5-12}$$

式（5-12）反映了能量守恒定律，前一项是坡印亭矢量的闭合面积分，即计算域内能量密度的增长量。现在分析后一项的物理意义，对于不计激励源、仅考虑感应的电磁场量，有式（5-13）的关系：

$$\left.\begin{aligned}J^t &= \hat{y}\boldsymbol{E} = (\sigma + j\omega\varepsilon)\boldsymbol{E}\\ \boldsymbol{M}^t &= \hat{z}\boldsymbol{H} = j\omega\mu\boldsymbol{H}\end{aligned}\right\}$$ (5-13)

这样得到式（5-14）

$$\left.\begin{aligned}\boldsymbol{E}\cdot\boldsymbol{J}^{t*} &= \sigma|E|^2 - j\omega\varepsilon|E|^2\\ \boldsymbol{H}^*\cdot\boldsymbol{M}^t &= j\omega\mu|H|^2\end{aligned}\right\}$$ (5-14)

可见，式（5-14）应为计算域内媒质消耗的功率密度。由此，得到损耗功率项为

$$P_d = \mathrm{Re}(\hat{y}*|\boldsymbol{E}|^2 + \hat{z}|\boldsymbol{H}|^2)$$ (5-15)

经过上述的推导过程，利用 ANSYS 软件功能，可以采用复数形式的电场强度、磁通密度矢量式来计算涡流损耗：

$$p = \mathrm{Re}([E^*]^T[\boldsymbol{\sigma}][E]) + \omega lm([B^*]^T[\boldsymbol{v}][B]) - \omega lm([E^*]^T[\boldsymbol{\varepsilon}][E])$$ (5-16)

式中，$[\boldsymbol{\sigma}]$ 是复电导率张量；$[\boldsymbol{\varepsilon}]$ 是复相对介电强度张量；$[\boldsymbol{v}]$ 是复磁阻率张量；ω 是角频率。该式可以由式（5-6）代入式（5-15）经整理后得到。

由复数矩阵形式式（5-16）计算出铁芯及绕组内的涡流损耗后，将其加载至计算模型式（5-3）中的电、磁负荷对应的热负载矢量矩阵 $\boldsymbol{F}_{\mathrm{TE}}$ 中，进而能解出温度矢量矩阵 $\boldsymbol{T}$，这是电磁场与热场的间接耦合过程。

5.2.4 表面沸腾换热系数和等效热传导系数的确定

在图 5-1 中的求解区域内，凡与蒸发冷却介质接触的面均为沸腾换热面，包括定子铁芯齿、轭在流液沟内的表面、槽内主绝缘在流液沟内的表面、槽楔在流液沟内的表面等，按传热学中的第三类边界条件处理，即

$$-k\left(\frac{\partial t}{\partial n}\right) = h(t_{\mathrm{w}} - t_{\mathrm{f}})$$ (5-17)

式中，k 为热导率；h 为散热面的表面沸腾换热系数；t_{w} 为壁面温度；t_{f} 为冷却介质温度；n 为曲面的法向。

表面沸腾换热系数 h 根据文献 [1] 提供的试验关联式确定。具体过程是：

① 槽内绕组表面的沸腾换热系数由式（5-18）计算：

$$h = q_{\mathrm{b}}^{0.75}[0.556 + 1.94(p/p_0)] \tag{5-18}$$

热流密度 q_{b} 的取值，是已经通过耦合场计算得到的绕组沸腾换热面处的涡流损耗密度与前面章节中计算出的基本铜耗密度之和；p 取常压，即进行模型试验研究时密封容器内蒸发冷却介质的压力。

② 流液沟内铁芯表面的沸腾换热系数由式（5-19）计算：

$$h = q_{\mathrm{b}}^{0.752}[0.866 + 2.56(p/p_0)] \tag{5-19}$$

p 同样取常压。由前述的涡流损耗计算结果可知，与磁滞损耗相比，铁芯的涡流损耗非常小，所以热流密度只考虑铁芯磁滞损耗密度，而由于定子齿部与轭部的最大磁通密度不同（齿部磁通较密集、磁密最高），对应的磁滞损耗密度也是不一样的，应按照不同位置的最大磁密计算该处的磁滞损耗密度（即热流密度），再代入式（5-19）计算对应的表面沸腾换热系数。

在图 5-1 所示的求解域中，含有多种绝缘材料，如槽绝缘、电磁线绝缘、绕组绝缘等，它们的几何尺寸相对于其他介质区域而言，如铁芯、铜线、蒸发冷却介质等，特别小，在进行有限元网格剖分时，为了使单元形状不过分畸变，必须要加大小区域内的网格密度，所以，为了避免计算规模过大或单元尺寸相差过分悬殊，本文取等效传导系数来处理他们的传热计算，即将几种绝缘材料等效为一种材料进行有限元网格的生成，见图 5-2，以增大绝缘区域的几何尺寸，改善网格剖分的质量，然后在这个等效区域用等效传导系数来计算。

通过传热学分析可知，多层材料媒质的等效的热传导系数为

$$\lambda_{\mathrm{T}} = \sum_{i=1}^{n} \delta_i \Big/ \sum_{i=1}^{n} \left[\frac{\delta_i}{\lambda_i}\right] \tag{5-20}$$

式中，δ_i、λ_i 分别为第 i 个媒质的厚度和热导率。

另一个重要的传热参数是蒸发冷却介质的饱和温度，由定子热负荷及定子密封腔体内的压力决定，定子热负荷变化，引起腔体内压力发生相应的改变，则介质的温度亦随之变化。

5.2.5 浸泡式定子温度场的计算结果

电动机运行时，蒸发冷却介质受热沸腾、蒸发，根据以往研制成功的蒸发冷却卧式电机定子运行时测得的沸点温度，此次计算取蒸发冷却介质的饱和温度是 70℃，密封腔体内的压力取常压。当定子工作在额定电流密度 5.6A/mm² 时（该电流密度值取自表 4-1 中所列的设计结果第 23 项），定子

侧的温度总体分布见图 5-3。图中下方带有数字与色彩的条形是温度尺度，单位是℃，从红到蓝表示温度从高到低的分布变化，从该图可以容易看出定子的温度分布相当均匀，最高温度是 71.375℃，最大温差不超过 2℃，无局部过热点，这对于使用于恶劣环境下的防爆电动机而言是非常理想的定子温度分布结果，也是其他冷却效果所无法企及的。为了更清楚地观察槽内的温度计算结果，图 5-4～图 5-6 分别显示了放大后的定子铜导体内、绝缘层内、层间绝缘内的温度分布。由此可见，最高温度位于靠近槽楔的铜导体内，主绝缘温度层次较为分明，层间绝缘温度几乎没有大的起落，这些现象同样是其他冷却方式无法实现的。

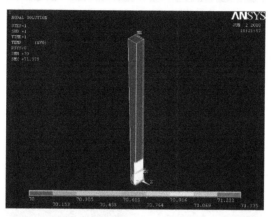

图 5-3　额定电流密度下定子侧的总体温度分布

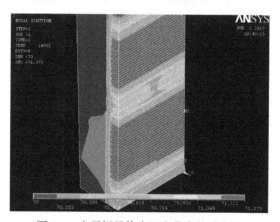

图 5-4　定子铜导体内温度分布的放大图

从以上定子温度场的各个分布图可以看出浸润式蒸发冷却定子的最热段

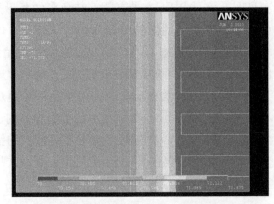

图 5-5　定子主绝缘内温度分布的放大图

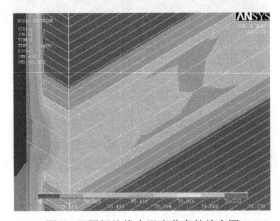

图 5-6　层间绝缘内温度分布的放大图

位于槽楔下的主绕组内，这是因为定子整体倒坐在密封腔体内，从高到低依次为定子铁芯轭、齿浸泡在蒸发冷却介质中，而槽楔底面与腔体壁紧密接触，冷却介质无法进入其中的空间，槽楔下的主绕组产生的热量只能通过定子齿传至其周围的蒸发冷却介质，而定子齿内的磁密较大，本身具备一定的热负荷，再加之定子绕组内电流的集肤效应，形成了槽楔下的主绕组内热量集中的现象，靠近定子铁轭的绕组，相对主绕组而言热负荷稍低、热量传散得快，但因铜耗较铁耗大近 3 倍，所以它比定子齿部的温度高一些，定子铁芯轭部热负荷相对小，与冷却介质充分接触，温度最低。仿真出的温度分布规律，与预期的定子最热段的估计完全相符。

5.2.6　新型电动机启动及过载后的温度分布情况

任何电动机的可靠运行，除了保证额定稳态运行时的合理可靠，还要检查其启动与过载情况下的表现。为了检验浸泡式蒸发冷却定子结构对新型样机的启动性能及过载能力的提高，此次数值仿真还分别计算了定子电流密度为 $8A/mm^2$ 和定子电流为启动最大电流时的温度分布情况。

（1）过载能力的检验

按照前已述及的计算流程，图 5-7 显示了定子电流密度达到 $8A/mm^2$ 后，定子侧的总体温度分布状况，该电流密度值相当于新型隔爆电动机运行在超载 1.5 倍工况下，图 5-8 显示了局部温度分布情况，从中可见，在过载工况下，该电动机的温度分布规律与额定工况下一致，最高温度为 75.145℃，比 5.2.5 节中所述的额定工况下的最高温度仅高了不到 4℃。该新型隔爆电动机样机的电压等级较高、容量适中，所以额定工作电流并不是很大，也就意味着该电动机的功率密度与发热状况不是很突出，尽管在设计该样机时，已经明显提高了功率密度，这就为超载运行提供了潜在的可能性，经过实际的数值计算仿真可见，定子超载后温度分布还是很均匀的，无任何局部过热之处，从中可以得出该隔爆样机定子采用浸泡式蒸发冷却后完全能够实现超载运行，据此预测超载量可以达到 1 倍以上。

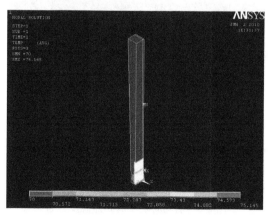

图 5-7　过载电流密度下定子的总体温度分布

（2）启动时的温度分布检验

隔爆电动机启动或者堵转时，电流最大、发热最严重，此时电动机实际上是处于短路状态，况且在冶炼、矿山作业过程中，隔爆电动机要经常启动

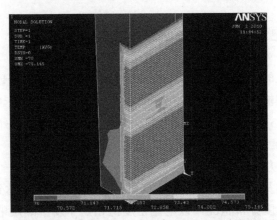

图 5-8   过载电流密度下定子铜导体内温度分布的放大图

或发生堵转，如果此时电动机的温度分布有问题的话，会危害到电动机的使用，有必要通过数值计算仿真检验此刻电动机的发热状况。前期的电磁设计已经计算出该样机的启动电流为 450A，下面就根据这一电流值计算出了启动与堵转时的定子温度分布结果。总体温度分布见图 5-9，局部放大后的温度图显示在图 5-10 中。显然，启动或堵转时定子的温度分布仍然没有出现异常于额定工况下的分布规律，最高温度仍然没有超过 115℃，这对于瞬间而过的启动一刻而言，电动机是完全可以接受的，不会危及电动机长期稳定运行。

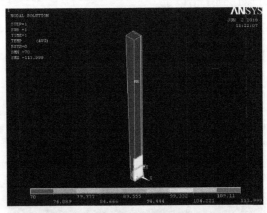

图 5-9   启动时定子的总体温度分布

综上所述，新型隔爆电动机采用浸泡式蒸发冷却后，不仅在电磁设计时具备了优良的启动性能与过载能力，而且温度分布也比较合理，进一步证明了该新型隔爆电动机达到了研制的预期效果，基本实现了预期的研究目标：

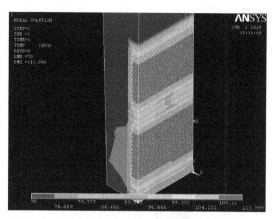

图 5-10　启动时定子铜导体内温度分布的放大图

长期可靠稳定运行、免维护、提高材料的利用率等。

5.3　浸泡式定子槽内的电场数值计算

蒸发冷却方式的另一大功效是绝缘，其良好的绝缘性能堪比液态绝缘介质的变压器油，所以接下来应该充分利用这一功效减薄电动机定子的主绝缘。减薄试验在后续章节里将会介绍，现在先运用数值计算仿真解决定子槽内主绝缘电场强度分布问题，由此可以在理论上确定主绝缘减薄后的电气强度可靠性，从而为样机的研制提供必要的理论保证。本次计算，针对电磁设计中得出的定子主绝缘厚度为 2mm 这一结论来展开正确的数值计算。

5.3.1　定子槽内二维电场的建模

隔爆异步电动机的电源是三相交流电，频率是工频 50Hz，这个值所对应的电磁波波长较大，根据工程电磁场理论，可以将三相工频交流高压电场作为似稳场来处理，换言之，额定电压 1 万伏的高压交流电压可以当作静电场来计算。另外，对于高压电动机的绝缘结构及槽部与端部耐电晕性的研究，也可以按照静电场问题来分析。

隔爆电动机运行时定子主绝缘及匝间绝缘在高电压作用下，其内的电场分布是对称的，可以充分利用这种对称性建立二维的电场计算模型，建模后的计算区域见图 5-11。

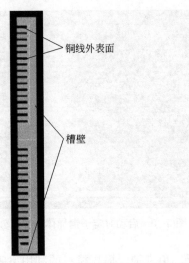

图 5-11　定子槽内主绝缘与匝间绝缘的电场计算模型

根据静电场理论，某一求解域内的电场问题可以表示为

$$
\left.
\begin{aligned}
&\nabla^2\varphi=-\rho_f/\varepsilon\,(\forall\varphi\in\Omega)\\
&\varphi=\varphi_s\,(\forall\varphi\in\Gamma_1)\\
&\frac{\partial\varphi}{\partial n}=0\,(\forall\varphi\in\Gamma_2)
\end{aligned}
\right\}
\tag{5-21}
$$

式中，φ 为待求解的标量电位；ρ_f 为求解域内自由电荷体密度；ε 为介质的介电系数；φ_s 为已知的电势；Ω 为同一介质的求解域 Γ_1、Γ_2 分别为第一、二类边界条件的面或边。

鉴于本章的求解问题中无体电荷存在，则电场问题的表述可以简化成以下的式（5-22）：

$$
\left.
\begin{aligned}
&\nabla^2\varphi=0\,(\forall\varphi\in\Omega)\\
&\varphi=\varphi_s\,(\forall\varphi\in\Gamma_1)
\end{aligned}
\right\}
\tag{5-22}
$$

图 5-11 所示的求解域内的铜线外表面按第一类边界条件考虑，为绕组铜线电位即绕组的相电压；槽壁也按第一类边界条件考虑，为铁芯的槽电位即零电位；竖直方向截面，由于对称性，分别自动满足齐次二类边界条件，即电位的法向导数（$\frac{\partial\varphi}{\partial n}$）等于 0。

5.3.2　浸泡式定子槽内的电场计算结果

经过网格剖分、施加正确的边界条件与激励，二维数值计算等过程，得到了浸泡在蒸发冷却介质中的定子槽内主绝缘与匝间绝缘的电场分布结果。图 5-12 显示了主绝缘与匝间绝缘总体的电场强度分布情况，其中最高电场为 $4.76 \times 10^6 \, \text{V/m}$，位于上层绕组第一匝的匝绝缘内，这可以从图 5-13 中的电场分布局部放大图中很清楚地看到，这个最高电场强度值低于匝绝缘材料的介电强度值，本次设计的样机主绝缘与匝绝缘均采用环氧云母绝缘材料，介电强度一般在 $3.5 \times 10^8 \, \text{V/m}$ 以上。原来的蒸发冷却介质 F-113 的击穿场强是 $1.48 \times 10^4 \, \text{V/mm}$，尽管低于图 5-12 所示的最高电场强度，但是已经有大量的实验证明，液态或气液两相态的 F-113 是耐击穿与局部放电的，瞬间的局放甚至是击穿不会影响 F-113 的绝缘性能，新型隔爆电动机采用的是一种新蒸发冷却介质，其击穿场强是 $4 \times 10^4 \, \text{V/mm}$，高于 F-113，但是新介质的耐击穿与局放性如何，还需要重新试验来验证。因此，新型隔爆电动机样机的主绝缘减薄到 2mm，从以上两个图中的电场分布结果来看，尽管有一定的绝缘强度裕度，但裕度不大，如果新介质的耐压能力不及老的 F-113 的话，样机的绝缘强度还是冒了一定风险的。实际情况如何，还得等后续章节的试验效果来说明。

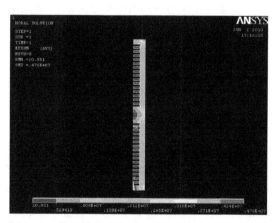

图 5-12　定子槽内主绝缘与匝间绝缘电场分布结果

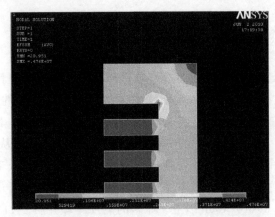

图 5-13　定子槽内主绝缘与匝间绝缘电场分布局部放大图

5.4　风冷凝管内外三维流体场温度的数值计算

　　根据蒸发冷却技术的原理，定子采用浸泡式蒸发冷却方式后，需要将整个定子进行整体密封，构造出定子密封腔体，如图 3-1 所示。液态介质吸热蒸发后，需要通过合适的二次热交换技术，将汽化潜热释放出来，再冷凝成液体，才能形成合理而完整的蒸发冷却过程。现有的二次热交换技术是由中科院电工研究所提出并具备了其自有的知识产权体系，采用的是水冷凝器结构实现二次热交换，水是最常用、最合适的热交换介质，比热容高，传热率最好，所以被首先应用到蒸发冷却技术中，通过调节水流量不仅能够控制住定子密封腔体内的压力，而且可以非常方便地调节沸点温度及整体的温度分布状况。尽管如此，为了保证这台蒸发冷却隔爆电动机能够有别于现有的电工所蒸发冷却电机的所有结构，且电工所目前设计出来的水冷凝器结构也不适合于隔爆电动机的密封要求，研究人员决定不能使用水冷凝器，必须在二次热交换结构与技术上另谋他途，寻找新的、独创的结构与技术。

　　原来的隔爆电动机的外形结构，特别是其风冷结构，给了研究人员很大的启发，实践证明这种风冷结构在已有的风冷系统中，冷却效果较好，尽管噪声很大，尤其是它很适合于防爆型电动机的隔爆结构，在制造技术上也很成熟。按照现场测试的风冷温度降来看，应该与水冷凝器相差不是很大，基于此，此次新型样机设计将充分利用现有隔爆电动机的风冷却管道，重新设计二次热交换结构，提出一种新的二次热交换技术，即采用风冷凝管结构替代水冷凝器。风冷管道的两端仍然与外界相通，其外在部分基本上保持原来不变，而处于电动机内的直线部分，去掉任何隔离，与定子侧一起密封在套筒内，管道位于定子密封腔体的上部，其薄壁直接与沸腾后的蒸发冷却介质相接触，只要风冷管道内的通风温度与介质的沸点温度有一定的温差，就可以在理论上实现蒸发后的冷凝，即蒸气状态的介质将所带的热量传给管道内的冷风后冷凝成液态，形成蒸发冷却自循环，这就是风冷凝管的设想。由于目前还难以通过试验来证明这一设想，研究人员只能运用仿真理论分析来证明其合理性与可行性，并将大胆地运用到样机上，直接通过样机的实际运行检验风冷凝管的效果。

5.4.1 风冷管道流体场的建模

风冷管道位于电动机的上部，由若干个圆柱形铁管或钢管构成。这些管道的风路各自独立，互不影响，这就为流体场的数值计算带来很大的方便与简化，可以针对一个管道三维建模，大大节省了计算量。管道的内径与厚度均为待定的求解量，管道的长度按照已设计好的电动机定子铁芯的长度来考虑，初步选为 900mm，管道内的压力按照一个大气压计算。

（1）管道内径的选择

由于这个量是待定的未知数，可以先根据原来风冷方法估算一个内径值，进行试算，然后再逐步调整，最后得出一个适合于蒸发冷却风冷凝管的内径取值范围。式（5-23）是对风冷流量的计算公式，见文献 [2]。

$$Q = \frac{\sum P}{1.1(t_1 - t_2)} = \frac{P_1 - P_2}{1.1(t_1 - t_2)} = \frac{\sqrt{3}U_N I_N \cos\varphi - 1120}{1.1 \times 25} = 2.053 \text{m}^3/\text{s}$$

(5-23)

式中，Q 为风冷流量；P_1 为隔爆电动机的输入功率；P_2 为隔爆电动机的输出功率；t_1 为原风冷结构隔爆电动机的出风口温度；t_2 为原风冷结构隔爆电动机的入风口温度。

根据式（5-23）计算出来的流量，先试取风冷管的内径为 20mm，厚度为 2mm。则建立后的计算模型如图 5-14 所示。

（2）确定边界条件

根据前面章节里计算出来的该新型隔爆电动机样机的总损耗，以及直径为 20mm、厚度为 2mm、长度为 900mm 的圆柱形风冷管的表面积，先试取风冷管的数量为 40 个，由此确定通过风冷管道壁的热流密度边界条件，再根

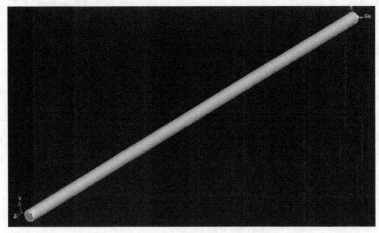

图 5-14   风冷管道的三维建模

据式（5-23）计算出来的总流量及风冷管道的数量、在实际中测量的风冷管道进出口的温差，以及我国南方地区年最高温度为 40℃，确定图 5-14 中所建风冷管道的进风口与出风口的边界条件。然后，笔者利用流体计算软件按照如前所述的有限元计算流程、网格剖分与数值计算，得到该三维流体场的计算结果。

5.4.2   风冷管道流体场的温度分布结果

该新型风冷凝管是否能够起作用，主要看风冷管道的外壁温度与蒸发冷却介质的沸点温度是否存在较大的温差，如果存在，在理论上就能够实现对蒸气的冷凝，所以，本次数值计算主要考察三维风冷管道外壁的温度分布情况。

（1）风冷管结构初始参数的流体场温度分布状况

图 5-15 显示了在上述取值条件下的风冷管道外壁的温度分布结果。从中可见最高温度是 347.56K，折合成常用的温度单位是 74.56℃，而隔爆电动机运行时蒸发冷却介质的冷凝温度是 70℃，显然不能满足冷凝的要求。说明风冷管的数量选少了。

（2）改变风冷管相关的结构参数后流体场温度分布状况

将直径仍设为 20mm、厚度为 2mm 的风冷管数量增加到 60 个时，其温度分布见图 5-16。此时最高温度已经降为 328.75K，折合成常用的温度单位是 55.75℃，这个温度小于运行状态下的蒸发冷却介质的冷凝温度 70℃，可

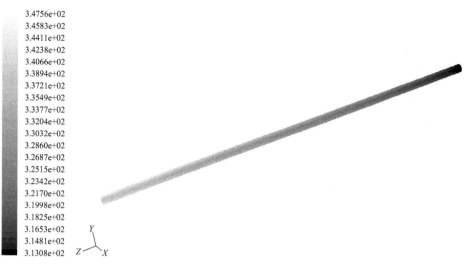

图 5-15　直径为 20mm、厚度为 2mm、数量为 40 时风冷管的流体场温度分布

以实现冷凝。

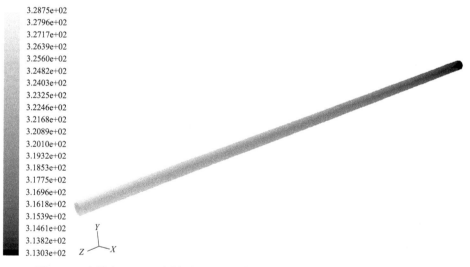

图 5-16　直径为 20mm、厚度为 2mm、数量为 60 时风冷管的流体场温度分布

图 5-17 显示了管道内径增加到 30mm 后，数量为 50 个的风冷管道的外壁温度分布。此时最高温度为 321.41K，折合成常用的温度单位是 48.41℃，这个温度小于运行状态下的蒸发冷却介质的冷凝温度 70℃，可以实现冷凝。

图 5-18 显示了管道内径增加到 40mm 后，数量为 20 个的风冷管道的外壁温度分布。此时最高温度为 334.72K，折合成常用的温度单位是 61.72℃，

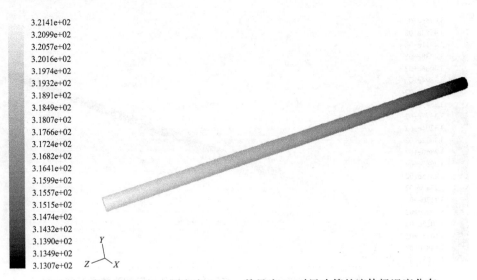

图 5-17　直径为 30mm、厚度为 2mm、数量为 50 时风冷管的流体场温度分布

这个温度小于运行状态下的蒸发冷却介质的冷凝温度 70℃，可以实现冷凝。

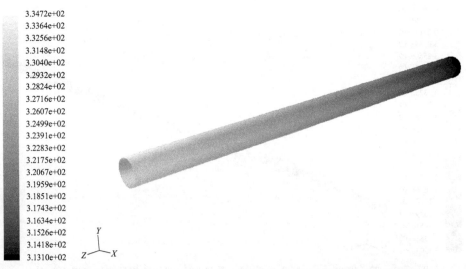

图 5-18　直径为 40mm、厚度为 2mm、数量为 20 时风冷管的流体场温度分布

图 5-19 显示了管道内径增加到 50mm 后，数量为 10 个的风冷管道的外壁温度分布。从中可见，尽管这种情况下管道外壁的最高温度仍小于蒸发冷却介质的冷凝温度，但已经显示出其冷凝效果并没有多大的改进，说明一味地增加风冷管道的内径、减少数量并不能改进冷凝效果。进而说明风冷管道

的内径与数量之间有最佳的匹配关系。

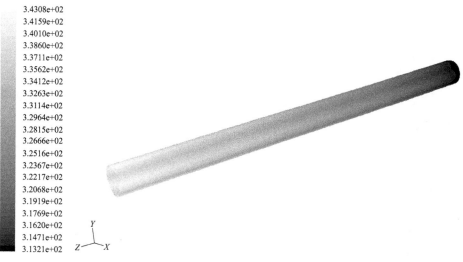

图 5-19 直径为 50mm、厚度为 2mm、数量为 10 时风冷管的流体场温度分布

通过以上数值计算，在理论上得出的结论是：风冷管道的内径应该取20mm～40mm 之间，风冷管的数量，应该根据内径，在 60 个到 30 个范围内考虑。

（3）风冷管壁厚对冷凝效果的影响

图 5-20～图 5-22 显示了 30mm 内径风冷管道的壁厚由 3mm 到 5mm 之间

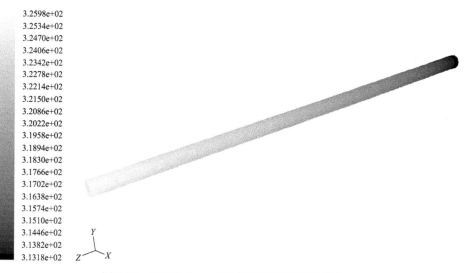

图 5-20 壁厚为 3mm 时冷凝管道外壁的温度分布

变化时，冷凝管道外壁的温度分布变化情况，可以看出，它们的最高温度相差不大。

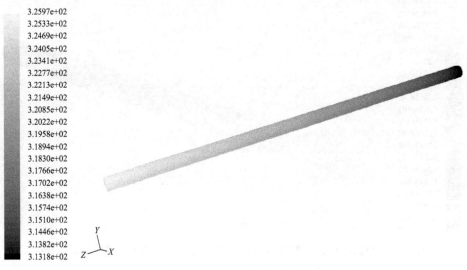

图 5-21　壁厚为 4mm 时冷凝管道外壁的温度分布

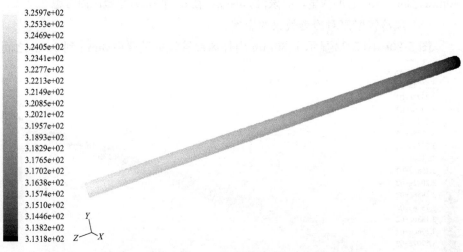

图 5-22　壁厚为 5mm 时冷凝管道外壁的温度分布

将这些结果与前面的 2mm 壁厚的温度结果相比较可见，壁厚在 5mm 以内时对冷凝管的传热效果影响不大，在实际制造时，可以根据生产工艺选择不超过 5mm 壁厚的风冷管道制作冷凝器。

（4）进风口的风速对冷凝效果的调节

为了比较风冷凝管与水冷凝器之间的性能，尤其是风冷凝管是否能够调节蒸发冷却密封腔体内的压力，需要在理论计算上找到解决这些问题的答案。下面显示的是当进风口的风速在一定范围内变化时，风冷凝管外壁的温度分布状况。

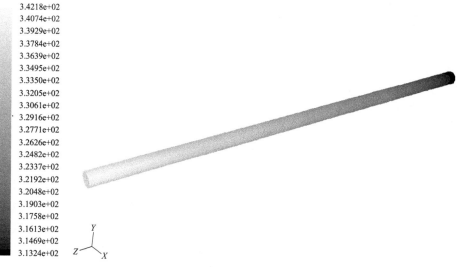

图 5-23　进风风速较低时冷凝管道外壁的温度分布

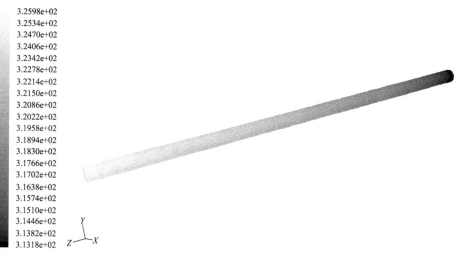

图 5-24　进风风速提高时冷凝管道外壁的温度分布

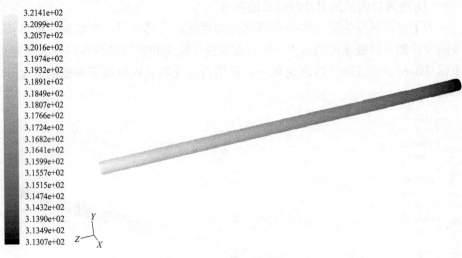

图 5-25　进风风速再提高时冷凝管道外壁的温度分布

图 5-23～图 5-25 选择了风冷管道的进风风速从较低到较高的三个数量级，由这三个结果可以看出，风冷凝管的进风风速可以调节冷凝管道外壁的温度分布，而且调节效果明显，值得一提的是这些结果都是按照我国南方地区年最高环境温度 40℃来计算的，所以，风冷凝管的冷凝与调节作用应该不低于水冷凝器。本样机提出的新型二次换热结构，即风冷凝管，在理论上可以成功应用于蒸发冷却定子密封腔体内，来冷凝蒸发后的介质并调节密封腔体内的压力。

本章小结

本章着重解决了新型隔爆电动机的定子绝缘结构，在额定运行工况下、启动和超载运行工况下的温度分布状况，在额定高电压作用下的电场强度分布状况，以及定子密封后，其密封腔体内的蒸发介质如何冷凝回液态等问题，主要是采取数值计算仿真方法。研究结果表明第 4 章设计出的新型的、针对蒸发冷却方式的定子绝缘结构合理、可行，符合期望的性能指标要求，可以作为将来新型隔爆电动机定子绝缘结构的备选设计方案。

参考文献

[1] 栾茹. 卧式蒸发冷却电机定子绝缘与传热 [M]. 北京：科学出版社，2009.
[2] 陈世坤. 电机设计 [M]. 北京：机械工业出版社，1989.

［3］绍青春，孙宪华. 电机线圈绝缘监测诊断用专家系统［J］. 绝缘材料通讯，1995（5）：28-31.

［4］盛剑霓. 工程电磁场数值分析［M］. 西安：西安交通大学出版社，1991.

［5］胡之光. 电机电磁场的分析与计算［M］. 北京：机械工业出版社，1980.

［6］杨世铭，陶文铨. 传热学［M］. 北京：高等教育出版社，1998.

［7］孔祥春，李伟力. 股线绝缘对水轮发电机定子绕组最热段温度的影响［J］. 电机与控制学报，1997，1（4）：228-230.

［8］汽轮发电机定子温升分布的三维有限元分析［J］. 大电机技术，1992（5）：24-27.

［9］李伟力，等. 大型同步发电机同相槽和异相槽的温度场计算［J］. 电工技术学报，2002，17（3）：1-6.

［10］李伟力，等. 基于流体相似理论和三维有限元法计算大中型异步电动机的定子三维温度场［J］. 中国电机工程学报，2000，20（5）：14-17.

［11］李德寿，潘良明. 用不等距有限差分法及有限元法计算电机的温度场［J］. 中小型电机，2001，28（5）：17-19.

［12］槽果宣. 水能冷汽轮发电机转子温度场计算［J］. 电工技术学报，1993，8（1）：18-22.

［13］姚若萍，饶芳权. 蒸发冷却水轮发电机定子温度场研究［J］. 中国电机工程学报，2003，23（6）：87-90.

［14］Ohishi H，Sakabe S et al . Analysis of Temperature Distribution in Coil-strands of Rotating Electric Machins with One Turn Coil［J］. IEEE Transaction on Energy Conversion，1987，2（3）：432-438.

［15］鲁涤强，等. 汽轮发电机端部三维温度场的有限元计算［J］. 中国电机工程学报，2001，21（3）：82-85.

［16］岑理章. 大型汽轮发电机定子铁芯的温度分布研究［J］. 电工技术学报，1993，8（3）：35-39.

［17］杜炎森，黄学良，等. 大型汽轮发电机端部三维温度场研究［J］. 中国电机工程学报，1996，16（2）：95-101.

［18］Michelsson O et al. Calculation of Strongly Coupled Thermal and Electromagnetic Fields in Pulse-Loaded Devices［J］. IEEE Transactions on MAG，2002，38（2）：925-928.

［19］李德基，白亚民. 用热路法计算汽轮发电机定子槽部三维温度场［J］. 中国电机工程学报，1986，6（6）：36-45.

［20］Eugeniusz Kurgan. Analysis of Coupled Electric and Thermal Fields Problems by Boundary-Element Method［J］. IEEE Transaction on MAG，2002，38（2）：949-952.

［21］Kim SW，et al. Coupled Finite-Element-Analytic Technique for Prediction of Temperature Rise in Power Apparatus［J］. IEEE Transaction on MAG，2002，38（2）：

921-924.

[22] Janssen HHJM, et al. Simulation of Coupled Electromagnetic and Heat Dissipation Problems [J]. IEEE Transaction on MAG, 1994, 30 (5): 3331-3334.

[23] Roger F Harrington. Time-Harmonic Electromagnetic Fields [M]. England: Landon, 1961.

[24] 冯慈璋. 电磁场 [M]. 北京: 高等教育出版社, 1980.

[25] Glenn H, et al. Coupled Thermal Analysis Using EMAS and MSC/NASTRAN [C] // Proceeding of Electromagnetic Sessions of MSC world Users' Conference, 1991.

蒸发冷却定子主绝缘减薄的局部放电试验研究

6.1 引言

包括隔爆电动机在内的电机设计的基本规律说明，单机容量越大，电机的经济性能越好。增大单机容量，意味着电压等级的提高与热负荷成立方指数的加大，二者之间在设计时出现了矛盾：既要保持一定的定子绕组主绝缘厚度，以确保绝缘的电气、机械强度；又要想方设法减薄这一绝缘厚度，以利于铜耗热量的散出。这一矛盾，长期以来，一直困扰着大电机行业的工程技术人员，主要在于，在此之前的机组采用的是空冷、氢冷、水冷，这些冷却方式的介质均不具备高绝缘性能，只能在绕组绝缘材料、绕组截面形状上想办法。而蒸发冷却介质在冷却定子的同时自然形成一个气、液、固三相的绝缘系统，且不燃、不爆、无毒，这就为绝缘厚度的减薄提供很多有利的前提条件。

第3.6节已经论及蒸发冷却电机定子绝缘结构的设计原则，对于隔爆电动机当然也是适用的。固体绝缘材料的选用原则是：a.与蒸发冷却介质相容、介电系数与液体冷却介质（在2~3之间）相接近；b.耐压强度高、介电损耗小；c.导热性能好；d.具备一定的机械强度、抗变形；e. 在一定的温度范围内各种性能稳定。

云母带材是一种经过长期实践考验合格的优质绝缘材料，特别对于高电压等级的电机绝缘目前仍然是不可替代的材料。云母带材基本上符合以上对固体绝缘材料的各个要求，只是介电系数过大（为 5.6）、热导率较低，为了使新的蒸发冷却绝缘系统的绝缘规范与传统定子绝缘结构规范相衔接，体现出一种继承性与工艺流程的过渡性，薄层固体绝缘材料仍沿用云母绝缘体系。对处于浸润式蒸发冷却环境下的隔爆电动机定子，设计出图 6-1 所示的绝缘结构：定子载流体用实心导体；根据电压等级，按照少胶云母绝缘 VPI 制造工艺，在定子导体外包一减薄的固体主绝缘，以承担部分主绝缘作用，剩下部分的绝缘强度则施加在冷却介质上；该固体主绝缘层外以分段式（或螺旋式）绕包一定厚度的绝缘层，以起到将绕组固定在槽内的作用；取消防晕结构，然后用槽楔压紧。但是这种绝缘结构是否在工程应用上可行，还需要经过大量的试验研究与论证。

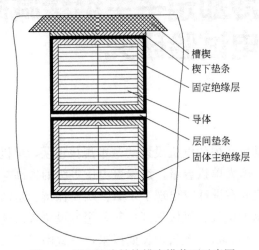

图 6-1　新型绝缘结构槽内横截面示意图

6.2　蒸发冷却介质与绝缘质量的评定

选择合适的蒸发冷却介质是对隔爆电动机定子实施浸泡式蒸发冷却技术的关键环节，选择的原则是：① 蒸发冷却介质是绝缘材料，击穿电压应该达到 30kV/2.5mm 以上；② 蒸发冷却介质在常温下是液态；③ 蒸发冷却介质液体的沸点温度适宜，常压下应该是小于 80℃；④ 蒸发冷却介质的属性是不燃、不爆、无毒的。本次试验的负责人经过多方比较，最后选定的蒸发冷却介质是日本生产、上海锐一公司供货的 AK-225，击穿电压是 40kV，是目前所掌握的介质中绝缘性能最好的一种。本次试验首先是为了完成总体试验中的第一个专题，浸泡式蒸发冷却定子主绝缘结构的新设计，即图 6-1，具体的设计思路是减薄定子主绝缘的厚度，其次是为了评定采用新选择的蒸发冷却介质构造出的新定子绝缘体系的绝缘性能。

对于一种新型的绝缘结构及绝缘规范，必须要设置一个评定标准以判断其是否可靠、可行。局部放电是额定电压达到 3300V 以上的电动机和发电机定子绕组绝缘系统损坏机理的一个起因或一个征兆，绝缘的耐电晕性对高压电机的长期安全运行有重要影响，是高压电机绝缘的关键性能之一。目前，产业部门通常根据局部放电出现的各种特征来判断绝缘体内的缺陷和绝缘优劣的程度，属于评定绝缘质量行之有效的非破坏性试验方法。对于局部放电，技术人员采用的测试手段及评定方法有很多，最普遍通行的是在一定的电压下测定放电量的大小，这是因为许多学者认为对绝缘危害最大的因素是局部放电中视在放电电荷的最大值（即放电量）。对此，国内和国际标准中都推荐用最大放电量 Q_{max}，来评定绝缘的好坏。所以本章所描述的试验，以局部放电中最大放电量参数作为评定新绝缘结构合理性的主要尺度。

6.3　试验中的定子模型

为了能够接近隔爆电动机运行时定子承受电压的实际情况，定子模型应该模拟出线圈与铁芯配合的状态，为此研究人员采用裸铜线，其上包以绝缘，绕制成的线圈，既有直线部分，又有端部的弯曲部分，参照国内外各制造厂已生产的电机的常规绝缘厚度，对于环氧云母带做主绝缘、额定电压为 10kV 的定子，单边绝缘厚度应在 4～2.95mm 之间，我们选择从 4mm 开始，分四种规格逐渐减薄主绝缘厚度，匝间绝缘与主绝缘均是 5440 云母带。然后配置了与线圈尺寸相当的 E 形变压器铁芯，作为电机定子槽的模型。

（1）模拟线圈的制作

首先，需要选择合适的电磁线来绕制模拟线圈。可以选两种电磁线中的一种，分别为单玻璃丝包耐电晕聚酰亚胺薄膜烧结线 SBMYFCRB-35/200-N 和单玻璃丝云母绕包线，线规按照 4.3.2 节中蒸发冷却方案电磁设计的导线线规计算结果来取，这种线规可以将加热电流达到 160A，足以满足试验要求。

选好的电磁线扁绕 20 匝，绕成后的结构如图 6-2 所示。

图 6-2 中模拟线圈的高度及宽度只是参考值，根据实际做出的模型可以有出入。线圈需要的数量是 4 个，做好之后编号，包主绝缘（槽绝缘），材料是少胶云母带，厚度分别按照表 6-1 中的尺寸来制作。

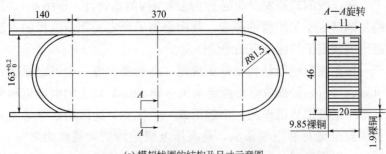

(a) 模拟线圈的结构及尺寸示意图

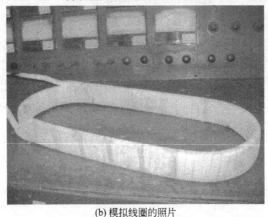

(b) 模拟线圈的照片

图 6-2　模拟线圈的结构

表 6-1　不同编号所对应的绝缘厚度

线圈编号	1	2	3	4
线圈主绝缘厚度	4mm	2mm	1.8mm	1.6mm

（2）模拟铁芯的制作

铁芯材料采用 Q235 钢，槽形与尺寸如图 6-3 所示。

（3）线圈嵌槽与装配

为了节省起见，铁芯模型只做一个即可，模拟铁芯的槽内每次试验放一个模拟线圈，4 个模拟线圈将轮流嵌槽，分别完成相关的绝缘考核试验。铁芯槽的尺寸按照最厚绝缘的模拟线圈而定，那么嵌其他三个减薄厚度的线圈时可以在槽内塞钢片，直到将线圈嵌紧牢固为止，线圈嵌槽后再在槽口处用 2mm 厚的槽楔压紧固定，如此整体装配完毕。

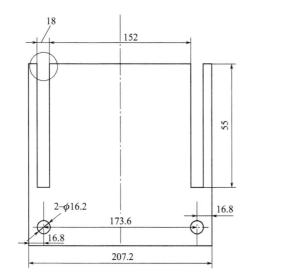
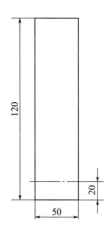

图 6-3　模拟铁芯的结构示意图

6.4　高压试验装置

考核新型绝缘结构的电气强度，采用的是图 6-4 中所示的高压试验装置，

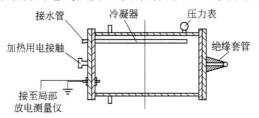

(a) 密封装置装配图

(b) 试验装置照片

图 6-4　局部放电试验装置

图中表示的是浸在冷却介质中的定子线圈与铁芯模型接受局部放电测试时的状况。定子试验线圈放置在铁芯槽内，装配完成，再一起放进高压试验装置容器中加以密封并抽真空，然后缓缓灌入冷却介质 AK-225，直至将整个定子模型完全浸泡。试样线棒由导电螺杆引出接到高压试验变压器，铁芯一方面通过导电螺杆接地，一方面通过回路衰减器与局部放电测量仪输入端连接。

6.5　试验实施过程

利用图 6-5 中表示的测试原理图，进行以下步骤的试验。

① 通过标准的方波发生器，利用 KJF2000 型局部放电测量仪及示波器，对视在放电量分度校正，取得校正系数。

② 调节施加的试验电压从零逐渐升高，直至示波器上有微弱的放电信号出现，维持该电压 1min，观察放电信号的变化，记录下该电压值及最大放电量，此即起晕电压。

③ 逐渐缓慢降低试验电压至示波器上的放电信号消失，记下该电压值即为放电熄灭电压值。该值应略低于起晕电压值。

④ 再将施加的试验电压回升到起晕电压水平，以此为基点，每次调升试验电压 0.5kV，直到不能升压为止。每调一次电压均持续 30～60s，观察放电信号、记下最大放电量。

⑤ 重复步骤②～④三次，以观察所测得的放电结果的重复性情况。

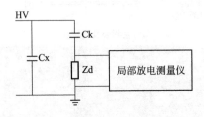

图 6-5　局部放电测试回路

6.6　试验结果及现象的分析

6.6.1　主绝缘厚度为 4mm 的局部放电试验记录

该试验实施的时间是 2011-7-12，实施的地点是湖南湘潭中冶湘重电修车间实验台 1 号，试验过程结果记录在表 6-2 中。

表 6-2　定子试验模型 1 最大放电量与施加电压的试验数据

序号	施加的电压/kV	放电量/pC
1	8	0
2	9	12.65
3	10	18.65
4	11	23.25
5	12	43.4
6	13	52.4
7	14	71.5
8	15	74.5
9	16	100.5
10	17	228（工程上判定局部放电起始量是 200）
11	18	341
12	19	660
13	20	740
14	21	875
15	22	1355
16	23	1430
17	24	1575

　　试验过程中发生现象的分析：从表 6-2 可见，浸泡在蒸发冷却介质中的定子模型，出现局部放电起始信号的外施电压高达 9kV，起始放电量仅为 12.65pC，但随着外施电压的升高，放电量呈现平稳趋势，略有增加，至 2 倍额定相电压 12kV 时，最大放电量为 43.4 pC，之后变化不是很大，说明浸泡在冷却介质中的定子试验模型，尽管被施加了很高的电压，对应的电场分布却比较均匀，不具备发展成大规模、大范围内的电晕放电的条件，局部微弱的放电量对定子模型整体结构的影响很小，直至当外施电压达到 17kV（约为额定相电压的 3 倍左右）时，才发展成工程上判定为局部放电的放电量 228 pC。再升高电压，虽然高压试验装置外的带电触点已经在空气中对地放电，使得试验无法继续，但是密封装置里面的浸泡在蒸发冷却介质中的定子试验模型，却始终没有发生明显的放电迹象，可以说明该新介质 AK-225 耐局部放电性能很高，不低于原来的介质 F-113。

该试验的结论与建议是，经过蒸发冷却介质浸泡的 4mm 绝缘厚度，完全能够耐受 10kV 额定电压（额定相电压为 5774V），而且绰绰有余，建议将下个定子模型的主绝缘厚度减为 2mm。

6.6.2　主绝缘厚度为 2mm 的局部放电试验记录

该试验实施的时间是 2011-7-13，实施的地点是湖南湘潭中冶湘重电修车间实验台 1 号，试验过程结果记录在表 6-3 中。

表 6-3　定子试验模型 2 最大放电量与施加电压的试验数据

序号	施加的电压/kV	放电量/pC
1	5	0
2	6	44.43333
3	7	49.13333
4	8	144.7667
5	9	158.1
6	10	190.4
7	11	255（工程上判定局部放电起始量是 200）
8	12	325
9	13	496.6667
10	14	603
11	15	680.6667
12	16	1070
13	17	1246.667
14	18	2153.333
15	19	3116.667
16	20	3963.333
17	21	4753.333
18	22	4786.667
19	23	6083.333

该次试验现象的分析：与试验记录表 6-2 类似，只是主绝缘厚度减至 2mm 后，工程上认定的局部放电起始电压是 11kV。当电压超过 24kV 时，密封腔体内出现明显的闪络放电现象，后将模型取出，经过查看，才知试验时

腔体内出现的闪络放电系高压引线所致，并非定子模型的绝缘放电。

该次试验的结论与建议是，经过蒸发冷却介质浸泡的 2mm 主绝缘厚定子试验模型，完全能够耐受 10kV 额定电压（额定相电压为 5774V），而且有一定裕度，建议将下个定子模型的主绝缘厚度减为 1.8mm。

6.6.3　主绝缘厚度为 1.8mm 的局部放电试验记录

该试验实施的时间是 2011-7-14，实施的地点是湖南湘潭中冶湘重电修车间实验台 4 号，试验过程结果记录在表 6-4 中。

表 6-4　定子试验模型 3 最大放电量与施加电压的试验数据

序号	施加的电压/kV	放电量/pC
1	5	0
2	6	0
3	7	0
4	8	0
5	9	0
6	10	0
7	11	0
8	12	0
9	13	0
10	14	280（工程上判定局部放电起始量是 200）
11	15	740
12	16	740
13	17	1790
14	18	3230
15	19	3460
16	20	3470
17	21	4280
18	22	5480
19	23	6990
20	24	10080

该次试验现象的分析：本次试验前，由于在把线圈装配到 E 形铁芯槽内

时，略有松动，使得蒸发冷却介质流入主绝缘间隙内，并充满在铁芯槽间隙内，前已述及，蒸发冷却介质 AK-225 的绝缘强度达到了 40kV/mm，甚至略高于固体绝缘材料，所以在试验时，整个绝缘系统表现得都非常好，从表 6-4 记录的试验现象来看，在出现局部放电起始电量之前，整个绝缘系统没有任何放电迹象，其余的与试验记录表 6-3 类似，主绝缘厚度减至 1.8mm 后，工程上认定的局部放电起始电压是 14kV。

　　该次试验的结论与建议是，主绝缘减为 1.8mm 时，工程上认可的起始放电电压是 14kV，远高于定子的额定相电压 5774V，建议做主绝缘减为 1.6mm 厚的局部放电试验。

6.6.4　主绝缘厚度为 1.6mm 的局部放电试验记录

　　该试验实施的时间是 2011-7-16，实施的地点是湖南湘潭中冶湘重电修车间实验台 6 号，试验过程结果记录在表 6-5 中。

表 6-5　定子试验模型 4 最大放电量与施加电压的试验数据

序号	施加的电压/kV	放电量/pC
1	5	0
2	6	149
3	7	176
4	8	176
5	9	256（工程上判定局部放电起始量是 200）
6	10	260
7	11	489
8	12	492
9	13	680
10	14	733
11	15	2040
12	16	3420
13	17	4100
14	18	5110
15	19	5110
16	20	5230

序号	施加的电压/kV	放电量/pC
17	21	6120
18	22	13900
19	23	25200
20	24	30700

该次试验现象的分析：与试验记录表 6-2 类似，主绝缘厚度减至 1.6mm 后，工程上认定的局部放电起始电压是 9kV。

该次试验的结论与建议是，主绝缘减为 1.6mm 时，工程上认可的起始放电电压是 9kV，与定子的额定相电压 5774V 相差不远。

6.7　试验研究结论

电晕放电，是局部间隙内的电场强度达到了充满该局部间隙的材料的击穿场强所致，放电起初产生少量正负离子，随着电压的升高，电场强度的加大，不断产生新的正负离子，同时正负离子迁移加剧，并不断撞击其周围的材料分子产生撞击型游离放电，致使放电量急剧上升；而与此同时，正负离子向放电电极附近迁移，不断地抵消放电电场强度，再加上正负带电质点的复合作用，最终到达一定电压水平时使得电极附近的电场强度维持一种动态平衡。6.6.1～6.6.4 节试验中所使用的四种试验线圈，均浸泡在 AK-225 冷却介质中，可以看到出现局部放电起始信号的外施电压大于等于 6kV，工程上认定的局部放电起始电压均大于等于 9kV，随着外施电压的升高，放电量均呈现平稳增加趋势，说明浸泡在冷却介质中的定子试验模型，尽管被施加了很高的电压，对应的电场分布却比较均匀，不具备发展成大规模、大范围内的破坏性放电的条件，而该新介质 AK-225 耐局部放电性能高，使得由蒸发冷却介质与固体绝缘材料所构成的绝缘系统内，局部微弱的放电量对定子模型整体结构的影响很小。

通过对表 6-2～表 6-5 中所列的 10kV 定子模型四种主绝缘厚度的试验结果及现象的分析，得出的结论总结如下：10kV 电压等级的定子线圈，沿用 VPI 少胶环氧云母主绝缘、厚度减至 2mm、1.8 mm，对于浸泡式蒸发冷却方式都是完全可行的。为了慎重起见，若制造企业的 VPI 制造工艺精良并允许，应该先从定子线圈主绝缘厚度为 2.2 mm 开始试制新型蒸发冷却隔爆电动机。

本章小结

  减薄定子的主绝缘厚度，是近十年来随着空冷机组需求的增加而在电机工程界引发的研究热点。本章则是从蒸发冷却技术在隔爆电动机上的应用而急需解决定子绝缘结构问题的角度，来展开试验研究工作的。

  首先本章论述了绝缘减薄的必要性及在蒸发冷却环境下的可实施性，其前提条件是设计出一种新型绝缘结构，仍是想方设法使蒸发冷却介质进入到定子槽内，以达到绝缘与传热最佳的设计效果。本章中的新型绝缘结构不是对常规绝缘的彻底否定，而是将少胶云母主绝缘层减薄后与蒸发冷却介质组成新的绝缘系统，是气、液、固三相绝缘系统，通过模型试验论证这一绝缘系统的可行性，支持了第 4 章的电磁设计过程。

  其次本章详细叙述了模型的各种电气试验过程、过程中出现的种种现象。局部放电是本章重点研究的电绝缘强度试验，其放电过程短暂隐蔽、不易捕捉，通过测量最大放电量来反应，是鉴定绝缘质量的较为有效的手段。再与闪络、击穿等带有破坏性的试验相结合，对于考核一种新的绝缘结构是比较可靠的办法。

  最后本章通过详细分析研究试验中出现的各种现象、试验结果，得出了对这一新型绝缘结构积极支持的结论。

参考文献

[1] 顾国彪. 蒸发冷却应用于 50MW 汽轮发电机的研究和开发 [J]. 中国科学院电工研究所论文报告集, 1992, 23 (7)：1-15.

[2] 付岚贵, 金英兰. 云母带等主绝缘材料在发电机和高压大电机工业中的应用. 绝缘材料, 2000 (5)：9-17.

[3] 邢郁甫, 杨天民, 等. 新编实用电工手册 [M]. 北京：地质出版社, 1997.

[4] 金维芳, 王绍禹. 大型发电机定子绕组绝缘结构改进的研究 [J]. 西安交通大学学报, 1985 (5)：23-24.

[5] 梁智明. 电机定子绕组绝缘老化特性的在线分析 [J]. 绝缘材料通讯, 1999 (2)：37-42.

[6] 余强, 张韵曾, 等. 三峡发电机绝缘技术的开发 [J]. 绝缘材料通讯, 1999 (4)：34-37.

[7] 成德明. 大中型发电机绝缘材料的改进 [J]. 绝缘材料, 2000 (6)：23-26.

[8] 何小玫, 聂仁双. 减薄高压电机定子线圈主绝缘的探讨 [J]. 绝缘材料通讯, 1996

（3）：15-16.

［9］隋银德. 优化型 300MW 汽轮发电机绝缘结构及工艺特点 ［J］. 绝缘材料通讯，1996
（5）：22-26.

［10］陈宗昱，等. VPI 绝缘现状及对策 ［J］. 电器工业，2002（12）：1-4.

［11］陈宗昱. 真空压力浸渍用少胶带的分析对比 ［J］. 绝缘材料，2001（4）：27-30.

［12］葛发余. 真空压力浸渍技术在 27kV 大型汽轮发电机绝缘结构中的应用 ［J］. 上海大
中型电机，2001（4）：27-30.

［13］吴秀娟. 高压电机用环氧玻璃粉云母带 ［J］. 大电机技术，2003（4）：39-42.

［14］蔡明茹. 我国高电压大电机绝缘系统的新发展 ［J］. 电器工业，2003（8）：44-48.

［15］［苏］Г. С. 库钦斯基著. 高压电气设备局部放电 ［M］. 徐永嬉，胡维新译. 北京：水
利电力出版社，1984.

［16］Laurenceau P, Dreyfus G , Lewiner J. New Principle for the Determination of Potential
Distribution in Dielectrics ［J］. Physical Review Letters. 1977（3）：46-49.

［17］Maeno T, Futami T, Kushibe H, Takada T. Measurement of Spatial Charge Distribu-
tion in Thick Dielectrics Using the P. E Method ［J］. IEEE Transaction on Electrical
Insulation. 1988（3）：433-439.

［18］Lutz Niemeyer. A Generalized Approach to Partial Discharge Modeling ［J］. IEEE
Transaction on Dielectrics and Electrical Insulation，1995，2（4）：510-527.

［19］Edward Gulski. Digital Analysis of Partial Discharge ［J］. IEEE Transaction on Dielec-
trics and Insulation，1995，2（5）：822-835.

［20］黄春阳，等. 诊断电机绝缘用的局部放电技术 ［J］. 电机技术，2003（2）：36-39.

［21］黄春阳. 关于用局部放电量诊断电枢绝缘状态的标准及现状 ［J］. 电力标准化与计量，
2003，43（1）：43-46.

［22］朱周侠，丘毓昌. 多缺陷绝缘局部放电信号的识别与分类 ［J］. 高电压工程，2002，
28（3）：14-16.

第7章

浸泡式蒸发冷却定子模型传热试验的研究

7.1 引言

气、液、固三态绝缘材料所构成的新型隔爆电动机定子绝缘系统，是蒸发冷却方式所独具的，所以，其温度分布等问题的研究属于国内外电机领域内的学术空白，研究难度大，学术价值高，同时是急需的、确定不同容量等级蒸发冷却隔爆电动机设计原则的重要依据。电机本身就是工程性很强的研究对象，不能只依靠单一抽象的理论计算研究，必须要经过周密的试验论证，考核其结构设计上的合理性、可靠性；工艺实施上的可行性、易操作性，试验与理论分析的每一细节都很关键。所以，对于高功率密度的蒸发冷却隔爆电动机定子绝缘结构方案确定性研究阶段，必须将模型试验与数值仿真两方面的研究结合起来，才能确定出可使用于样机上的、最后落于实处的结构方案。

第4、5两章中讨论的高功率密度蒸发冷却隔爆电动机定子绝缘结构的初步设计结论，已提交给项目负责单位及相关的制造厂家，他们认可了蒸发冷却介质在气、液两相下的绝缘性能，考虑调整原来的设计方案，但不会全盘接受这一计算结果。这是因为一来仿真计算结果还有待进一步提高精确程度，二来更主要的原因是新型绝缘结构还没有经过模拟样机的验证，马上启用到真机上有一定风险，再加上制造厂的工艺生产条件是否能保证绝缘层均匀，甚至要推翻常规的定子绝缘工艺过程，对于制造方来说，需要有一个认识和接受过程。为此，制造厂家参照科研人员提供的定子绝缘结构初步设计结论改变了原有的常规设计理念，制定了新型的定子绝缘结构方案及规范，进入到高功率密度蒸发冷却隔爆电动机定子绝缘结构确定性研究阶段，并对此提供了试验模型。

7.2　试验设备及组成

整个试验系统由六个部分组成。首先是试验模型，按照模拟定子结构的思路来设计制作，由两部分构成，模拟线圈（绕组）与模拟铁芯，结构形状与局部放电试验中的模型基本一致，见图 6-2 与图 6-3。模拟线圈中的线规仍然按照 4.3.2 节中蒸发冷却方案电磁设计的导线线规计算结果来取，电阻为 0.01809Ω，线圈匝数为 20 匝，匝间绝缘为 0.56mm，根据第 6 章局部放电试验研究得出的结论，再兼顾隔爆电动机制造企业的生产工艺水平，蒸发冷却定子主绝缘可以明显减薄，厚度从 2.95mm 开始逐渐减薄至 1.8mm，并制作了相应的五个传热试验模型，这些模型的编号及主绝缘结构如下：1 号模型的主绝缘厚度为 1.8mm，2 号模型的主绝缘厚度为 2mm，3 号模型的主绝缘厚度为 2.2mm，4 号模型的主绝缘厚度为 2.5mm，5 号模型的主绝缘厚度为 2.95mm，匝间绝缘与主绝缘的材料均是 F 级 5440 云母带。模拟铁芯仍采用 Q235 钢板制作，形状为 E 形，总的长×宽＝290mm×220mm，两个槽的槽形为开口槽，为了嵌线方便，槽间距与模拟线圈的跨距一致，为 173mm，槽深是 65mm，槽宽是 16mm。不同型号的模拟线圈分先后顺序放入模拟铁芯槽内，再用槽楔压紧、固定。

第二个组成部分是用来盛装定子试验模型的设备，为一种自制的密封装置，可以模拟将来的新型电机定子侧的密封腔体。图 7-1 为传热密封装置示意图，由密封容器本体、加热电极、冷凝器、压力表、开关型阀门等组成，能够实现不同运行工况下定子模型的发热与传热过程，可以反复使用，拆装比较方便。

第三个组成部分是给定子试验模型供电的加热电源，为了更真实地模拟定子实际的运行状况，包括定子线圈与铁芯的发热，应该使用交流电源，本次试验采用的是大功率电焊机。

第四个组成部分是由温度巡检仪与 PT100 型热电偶配装而成的温度检测部分，为了能够较全面地掌握定子模型的发热与传热情况，本次试验共设了 8 个测点，分别是：1 号测点为铁芯壁面位置；2 号测点为铁芯槽内位置；3 号测点为绝缘层中的位置；4 号测点为铜导线位置；5 号测点为靠近铜导线的绝缘层位置；6 号测点为密封装置上部空间位置；7 号测点为绝缘层里面的位置；8 号测点为液态冷却介质位置。这些测点均埋设了 PT100 型热电偶，为了便于密封，这些热电偶的长度可调节、可裁剪，并用白色胶带写上各自的编号，以示区别。

第五个组成部分是蒸发冷却介质，选用的是由日本进口、上海锐一公司供货的 AK-225。这种介质的突出特点是绝缘性能优异，沸点温度是 54℃，其击穿电压是 40kV，是目前所掌握的介质中绝缘性能最好的，且价格适中，每千克 240 元。

第六个组成部分是冷凝器，为了避免有干扰信号，试验是在不透风及屏蔽性较好的实验室内进行，由于没有风源，本次试验采用水通入风冷凝管道系统构成冷凝器，由两个适宜管径的塑料长管及水龙头与传热密封装置中的冷凝管装备组成。

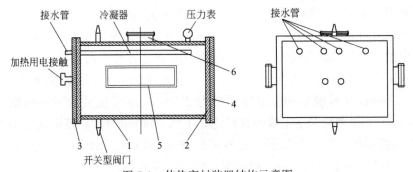

图 7-1　传热密封装置结构示意图

1—密封容器壁；2—与密封容器壁焊接在一起的法兰；3，4—端盖；5—视察窗法兰；6—手孔法兰

整个传热试验系统装配后的效果，呈现在图 7-2～图 7-4 里。

图 7-2　传热试验系统显示之一

图 7-3　传热试验系统显示之二

图 7-4　传热试验系统显示之三

7.3　传热试验过程与分析

该传热试验的时间列在以下各试验记录中，地点是在湖南湘潭的中冶湘重电修车间、专门用来研发产品的实验室。这次研究计划的总体试验目的是：① 研究大型隔爆感应电机采用蒸发冷却方式的可行性及其相关性能参数上的改进；② 在此基础上，将试验研究成果向国家知识产权局申请 8 个专利，转化为可实施性创新技术，落实到大型隔爆电动机上，向市场上推出具备制造公司自主知识产权的、集先进性、技术密集性、可靠性、多专利性等于一身，同时具备价格优势的新型防爆电动机产品。

基于这样的目的，总体试验分解为两个专题，定子冷却与定子绝缘。第 6 章已经详细描述了定子绝缘专题的研究过程，本次试验专门研究的是在浸泡式蒸发冷却方式下定子模型的传热过程，摸索出在特定的蒸发冷却介质下定子结构中的温度分布规律。具体的试验过程描述如下：

首先把图 7-1 所示的密封装置容器上带有加热用电接触一侧的端盖打开，将埋设好热电偶测温元件的定子试验模型小心放入容器内的中间位置，注意：保证 6 号热电偶的测点位于容器上部的空间，悬空，8 号热电偶的测点位于容器的底部，贴着容器底面即可，将所有测点的热电偶从位于密封容器顶部的手孔法兰引出，然后将该法兰接口处密封，同时密封好容器的所有连接部分，通过位于容器上部的阀门抽真空，同时将蒸发冷却介质 AK－225 从位于容器底部的阀门注入，由视察窗观察容器内液态介质的灌入高度，直至液态介质没过定子试验模型为止，此时模型中的定子铁芯和线圈应该充分浸泡在蒸发冷却介质中。下面分别详细介绍五种规格主绝缘厚度的试验模型，在传热试验过程中的记录及相应分析。

7.3.1 传热试验记录之一

① 时间：2011-8-18，下午 3 时开始至晚上 7 时 30 分。

② 试验模型：1 号模型。

③ 蒸发冷却过程：将交流电焊机的输出端连接到图 7-1 所示密封装置中的加热用电接触上，接通电源，调节交流电焊机的旋转盘，使电流缓缓增加，每调节一次电流稳定 30min 左右，等待定子试验模型通入电流、受热后温度稳定，每次电流的调节值见表 7-1。开始电流密度为 $2.5A/mm^2$，作为铁芯的励磁电流源是很小的，铁芯的磁路不饱和，磁化强度很弱，相应的铁芯损耗及发热很小，此时热量主要由模型中的定子线圈产生，热量不大，蒸发冷却介质只是出现温度稍有升高的现象。然后逐次调节电流，分别达到表中所列的电流密度值，随着电流密度的不断攀升，对铁芯的磁化强度不断加大，铁芯损耗增加、发热量也逐渐增加，渐渐接近电机运行时定子铁芯的真实工况。两处不同位置的测点（1 号测点与 2 号测点）显示，刚开始主要是靠定子线圈加热，铁芯槽内测点最靠近线圈，与铁芯壁面相比，升温较快，随着电流密度值的增大，铁芯损耗的加热量占比越来越大，但由于整个铁芯浸泡在介质中，尽管其发热量越来越大，但是温度分布是很均匀的，则铁芯槽内与壁面的温度越来越接近，即使达到了过励磁，即电流密度达到最高值，铁芯的这

两个位置的温度相差不到 3℃，实现了其他冷却方式所无法实现的最佳的铁芯冷却效果。线圈的发热在整个电流变化过程中始终处于主体地位，是电机工作时的主要热源，随着电流的不断加大，铜导体的发热上升得最显著，这主要是因为铜导体外包有主绝缘层，阻隔了与蒸发冷却介质的直接接触，主绝缘层内也呈现出一定的温度梯度分布趋势，1 号模型的主绝缘厚度较薄，该温度梯度最小，后面的各型号模型的主绝缘厚度逐渐增加，相应的温度梯度也在增加，所以在主绝缘强度允许的条件下，应尽可能减薄主绝缘的厚度。1 号模型试验过程中，由于之前介质因事故损失了一部分，剩下的两桶介质，不足以没过定子试验模型，使得定子模型的上部有一小部分（大约 2cm 左右）露出液面，露出的部分有线圈与铁芯，试验结果显示，该模型在电流密度达到 5.5A/mm² 时，液态蒸发冷却介质开始明显沸腾，伴有气泡不断生成，随后的电流增加，导致露出液面部分的线圈发热最严重，出现局部过热，这主要是因为这部分没有浸泡在介质中，所以，以后在制造真机时一定保证发热量大的部位，如定子线圈，充分浸泡在蒸发冷却介质中。当电流密度达到 7.5A/mm² 时铜导体的温度升至 99.2℃，但是露出液面部分的主绝缘层里的温度却已接近 110℃，考虑到 F 级绝缘材料的温度极限值 155℃，研究人员没有再增加电流密度，而止于 7.5A/mm²。

④ 试验结果数据：见表 7-1。

表 7-1   1 号模型传热试验记录　　　　　　　单位：℃

序　号		1	2	3	4	5	6	7	8	压强
起始温度		33.9	34	34.2	34.1	34.6	34.3	33.9	33.9	（相对）/atm
加热电流密度	49.17A (2.5A/mm²)	35.3	39.8	41.7	43.1	42.6	35.1	40	39.4	0
	59A (3A/mm²)	38.1	44.1	46.3	48.3	47.3	36.5	43.8	43.3	1
	68.83A (3.5A/mm²)	39.1	47	51.2	52.7	51.9	37.5	46.6	46.1	2
	78.69A (4A/mm²)	40.8	50.8	56.9	58.2	57.6	38.7	50.8	49.4	3
	88.5A (4.5A/mm²)	43.8	53.1	67.6	66.4	68.3	41.3	56.1	52.5	5

续表

序 号		1	2	3	4	5	6	7	8	压强
起始温度		33.9	34	34.2	34.1	34.6	34.3	33.9	33.9	（相对）/atm
加热电流密度	98.5A (5A/mm²)	51.8	55.1	73.3	71.4	71.4	50.8	59.1	54.8	6
	108.17A (5.5A/mm²)	52.7	53.4	75	72.5	72.3	52	58.5	53.2	0
	118A (6A/mm²)	53.5	54.4	80	76.6	73.6	53.3	60.5	54.1	2
	127.84A (6.5A/mm²)	54.3	54.9	86.7	82.3	78.4	54.1	62.5	54.6	5
	137.67A (7A/mm²)	53	53.7	95.9	88.7	83.6	53	63.4	53.4	0
	147.5A (7.5A/mm²)	54.1	56.4	108.4	99.2	92.3	53.9	67.5	54.5	2
	157.34A (8A/mm²)									
	167.17A (8.5A/mm²)									
	177A (9A/mm²)									
	186.84A (9.5A/mm²)									
	196.67A (10A/mm²)									

7.3.2 传热试验记录之二

① 时间：2011-8-19，上午 11 时 20 分开始至下午 4 时。

② 试验模型：2 号模型。

③ 蒸发冷却过程：2 号模型试验步骤与 1 号模型完全一致，进行到电流密度为 6.5A/mm² 的时候，后期购买的一桶介质到达了试验场地，研究人员又将这桶介质灌入密封装置中，此后的试验过程中，液态介质全都是没过定子试验模型，容器内的蒸发冷却介质开始沸腾的电流密度是 4.5A/mm²，表 7-2 显示，在试验进行到电流密度 4.5A/mm² 这个步骤时，7 号热电偶断掉，后面步骤没有 7 号记录，其他情况与 1 号模型基本一致。当电流密度增加到 8.5A/mm² 时，

铜导体表面温度，即 4 号测温点的温度是 124.5℃，考虑到 F 级绝缘材料的温度极限值 155℃，研究人员没有再增加电流密度，本轮试验到此为止。

④ 试验结果数据：见表 7-2。

表 7-2　2 号模型传热试验记录　　　　　　　单位：℃

序　号	1	2	3	4	5	6	7	8	压强
起始温度	32.4	31.7	31.1	31.9	31.9	32	31.5	31.4	(相对)/atm
50A (2.54A/mm²)	37.3	37.5	40.4	42.1	41.7	34.8	39.4	33.2	1
59A (3A/mm²)	42.1	42.5	47.5	49.8	49.4	35.5	45.5	35.9	1
69A (3.51A/mm²)	45.1	45.9	56.2	57.2	58.3	36.3	50.8	37.5	2
78.69A (4A/mm²)	48.2	49.3	68.9	64.3	69.4	37.1	57.2	38.8	4
88.5A (4.5A/mm²)	51	51.2	72.9	66.9	73	37.7		41.1	4
98.5A (5A/mm²)	53.3	52.8	82.2	72.5	81.4	39.1		42.3	5
108.17A (5.5A/mm²)	54.8	54.1	90.3	77.4	87.3	40.7		44.9	5
118A (6A/mm²)	55.9	55.2	99.5	82.9	93.8	45.2		48	6
127.84 A (6.5A/mm²)	54.4	53.9	107.8	98.8	99.3	50.3		52.7	0
137.67A (7A/mm²)	54	53.5	81.5	92.5	82.9	52.6		52.7	0
147.5A (7.5A/mm²)	55	54.4	88.3	102.1	88.4	53.6		53.6	3
157.34A (8A/mm²)	54.6	54.1	93.4	111.1	95.3	53.3		53.2	0
167.17A (8.5A/mm²)	55.5	55.3	103.4	124.5	104.8	54.2		53.9	4
177A (9A/mm²)									
186.84A (9.5A/mm²)									
196.67A (10A/mm²)									

注：序号列左侧竖排标题为"加热电流密度"。

7.3.3 传热试验记录之三

① 时间：2011-8-20，上午 11 时开始至下午 4 时。

② 试验模型：3 号模型。

③ 蒸发冷却过程：3 号模型试验时，液态介质没过定子试验模型，容器内的蒸发冷却介质开始沸腾的电流密度是 $4A/mm^2$，其他情况与 2 号模型基本一致。当电流密度增加到 $9A/mm^2$ 时，铜导体表面温度，即 4 号测温点的温度是 126.8℃，考虑到 F 级绝缘材料的温度极限值 155℃，研究人员没有再增加电流密度，本轮试验到此为止。

④ 试验结果数据：见表 7-3。

表 7-3　3 号模型传热试验记录　　　　　　　　单位：℃

序 号	1	2	3	4	5	6	7	8	压强（相对）/atm
起始温度	33.7	33.4	33.3	33.7	34	34.3	33.1	32.1	
加热电流密度 49.17A ($2.5A/mm^2$)	36.3	36.1	39.7	40.9	40.7	34.3	38.7	32.9	0
59A ($3A/mm^2$)	40.1	39.6	45	46.8	46.3	35.1	43.6	35.2	1
68.83A ($3.5A/mm^2$)	43	42.5	50.3	52.6	51.8	35.7	48.1	36.6	2
78.69A ($4A/mm^2$)	46.1	45.9	56.1	59.1	57.9	36.5	53.2	38.7	3.8
88A ($4.5A/mm^2$)	49.3	49	61.7	65.5	63.7	37.2	58	40.3	4
98.7A ($5A/mm^2$)	53.1	51.5	66.7	71	68.4	38.1	61.4	42.5	4
108.5A ($5.5A/mm^2$)	54	53.1	70.1	75.2	71.9	38.7	63.9	44.3	5
118A ($6A/mm^2$)	54.7	54.4	73.7	80.5	75.2	39.7	66.5	47.2	5
128A ($6.5A/mm^2$)	55.3	54.8	78.2	87.1	79.7	40.6	69.8	53.1	5
137.67A ($7A/mm^2$)	54.6	54	81.8	92.2	83.1	42.4	71.3	52.9	0

续表

序　号	1	2	3	4	5	6	7	8	压强
起始温度	33.7	33.4	33.3	33.7	34	34.3	33.1	32.1	（相对）/atm
147.5A (7.5A/mm²)	55.4	54.6	85.3	99.2	88.1	43.2	74.9	53.6	3
157.34A (8A/mm²)	54.9	53.8	91.5	108.7	94.5	47.3	77.9	53	0
167.17A (8.5A/mm²)	54.7	53.3	96.1	115.9	99.4	45.7	80.8	52.6	0
177A (9A/mm²)	55.1	53.6	103.9	126.8	106.4	45.3	85.3	52.7	0
186.84A (9.5A/mm²)									
196.67A (10A/mm²)									

（加热电流密度）

7.3.4　传热试验记录之四

① 时间：2011-8-21，下午 5 时开始至晚上 8 时 10 分。

② 试验模型：4 号模型。

③ 蒸发冷却过程：4 号模型试验时，液态介质没过定子试验模型，容器内的蒸发冷却介质开始沸腾的电流密度是 4A/mm²，其他情况与 3 号模型基本一致。当电流密度增加到 6A/mm² 时，为模型供电的交流电焊机内部突然冒出刺眼的火花，随即电焊机停止工作，工作人员立即断电，此时铜导体表面温度，即 4 号测温点的温度是 93.2℃，本轮试验到此为止。第二天，经过维修人员检查，这台交流电焊机内部的局部绝缘出了故障，初步判断是电焊机连续工作导致的。

④ 试验结果数据：见表 7-4。

表 7-4　4 号模型传热试验记录　　　单位：℃

序　号	1	2	3	4	5	6	7	8	压强
起始温度	35.5	35.5	35.9	36	36	36	35.2	33.7	（相对）/atm
加热电流密度 49.17A (2.5A/mm²)	39.4	39.7	43.6	44.8	44.6	34.7	42.2	35.1	0

序 号	1	2	3	4	5	6	7	8	压强
起始温度	35.5	35.5	35.9	36	36	36	35.2	33.7	(相对) /atm
59A (3A/mm²)	41.7	42.2	47.9	49.8	49.1	34.9	45.6	36	0
69.5A (3.53A/mm²)	44.7	45.4	53.8	56.6	55.6	35.3	50.8	37.4	1
79A (4A/mm²)	48.5	49.6	61.1	65.1	63.2	36	56.9	39.4	4.5
90~91A (4.6A/mm²)	53	52.1	68.1	72.7	70	36.9	62.5	42	5
98.5A (5A/mm²)	53.9	53.6	71.8	77.2	73.2	37.6	65	43.7	5
108.17A (5.5A/mm²)	55	54.9	76.2	83.5	78.2	38.4	68.3	45.9	6
118A (6A/mm²)	56.4	55.5	83.6	93.2	86.2	39.9	73.4	53.5	6
127.84A (6.5A/mm²)									
137.67A (7A/mm²)									
147.5A (7.5A/mm²)									
157.34A (8A/mm²)									
167.17A (8.5A/mm²)									
177A (9A/mm²)									
186.84A (9.5A/mm²)									
196.67A (10A/mm²)									

（表最左侧竖排：加热电流密度）

7.3.5 传热试验记录之五

① 时间：2011-8-22，上午 11 时开始至下午 4 时。

② 试验模型：5 号模型。值得注意的是，5 号模型的主绝缘厚度是 2.95mm，是当今常规空冷 1120kW、10kV 隔爆型电动机中，经过优化电磁设计，得出的绝缘厚度最小的尺寸，本次试验安排这一规格的绝缘厚度的测试，目的就是要将蒸发冷却方式与常规空冷方式进行直接对比，从中更直观、更具说服力地得出研制新型蒸发冷却隔爆电动机的必要性与应用前景。

③ 蒸发冷却过程：5 号模型试验时，液态介质没过定子试验模型，容器内的蒸发冷却介质开始沸腾的电流密度是 $4A/mm^2$，由于之前使用的交流电焊机出现故障，本轮试验更换另一台交流电焊机给定子模型送电加热，这台电焊机的电流调节有一点缺陷，中间有两挡电流密度无法输出，致使本轮试验数据表 7-5 缺两个电流密度的传热记录，其他情况与 4 号模型基本一致。当电流密度增加到 $8A/mm^2$ 时，铜导体表面温度，即 4 号测温点的温度是 130.3℃，考虑到 F 级绝缘材料的温度极限值 155℃，研究人员没有再增加电流密度，本轮试验到此为止。

④ 试验结果数据：见表 7-5。

表 7-5　5 号模型传热试验记录　　　　单位：℃

序 号	1	2	3	4	5	6	7	8	压强(相对)/atm
起始温度	30.8	30.5	30.5	30.4	30.8	31	30.5	30.2	
56A (2.84A/mm²)	36	37.3	41.3	42.4	42.2	32.3	39.8	32	0
59A (3A/mm²)	37.2	38.9	43.5	44.8	44.4	32.9	41.6	33	0
69.7A (3.54A/mm²)	39.6	41.8	48.5	50.4	49.6	33.7	46	34.1	2
78.69A (4A/mm²)	42.3	45.4	54.4	57	55.9	34.5	50.9	35.5	3
89A (4.5A/mm²)	44.9	48.7	60.6	64	62.4	35.4	55.9	36.9	4
98.5A (5A/mm²)	47.1	51.8	66.5	70.5	68.4	36	60.4	38	5
108.17A (5.5A/mm²)	50.4	53.9	73.9	78.7	75.1	37.1	67	39.9	5
118A (6A/mm²)	52.6	54.6	80.2	86.5	81	38.1	71.7	41.6	6
127.84A (6.5A/mm²)									

加热电流密度

续表

序　号		1	2	3	4	5	6	7	8	压强
起始温度		30.8	30.5	30.5	30.4	30.8	31	30.5	30.2	（相对）/atm
加热电流密度	137.67A (7A/mm²)									
	147.5A (7.5A/mm²)	55.4	56.1	99.3	113.5	100.9	41.3	86.8	44.9	5
	157.34A (8A/mm²)	55.5	55.4	115.1	130.3	116.7	49.5	95.5	53	5
	167.17A (8.5A/mm²)									
	177A (9A/mm²)									
	186.84A (9.5A/mm²)									
	196.67A (10A/mm²)									

7.4　传热试验研究的结论

　　根据电机蒸发冷却原理，电机运行时，发热部件应充分浸泡在蒸发冷却介质里，最理想的冷却效果是发热体直接与介质接触。现阶段，浸泡式蒸发冷却方式仅实施在定子侧，定子铁芯与线圈是电机运行期间热量最集中的发热部件，所以，本次试验研究的焦点集中在这两部分结构上，特别是要找出铁芯采用浸泡式蒸发冷却后的温度分布规律，以及铁芯槽内的线圈浸泡在特定的蒸发冷却介质中，其温度分布随主绝缘厚度变化的规律，一旦归纳出这两个十分重要的规律，后续的新型电机的电磁设计就有了唯一可靠的设计依据，也为今后隔爆电动机制造企业大规模或者批量生产新型电机时需要制定的厂用生产标准提供技术储备。所以这次试验的意义及担负的责任重大。经过详细整理上述传热试验过程中得到的所有第一手的数据，本次传热试验研究得出的结论如下：

　　① 浸泡式蒸发冷却定子铁芯，温度分布规律是：铁芯整体处于液态或者气液两相态下的蒸发冷却介质中，其各处的温度与此刻蒸发冷却介质的温度十分接近，铁芯表面的温度基本上是液态蒸发冷却介质本身的温度，当介质

沸腾时，该温度即为沸点温度 54℃，此后，只要定子模型密封体内的压力保持在外界常压，即大气压，基本上保持沸点温度 54℃不变，铁芯内部的温度与其表面的温度相差很小，本次试验仅为 3℃左右。因此，采用本次试验中选定的介质，浸泡式蒸发冷却定子铁芯，铁芯整体温度分布均匀，无局部过热点。

② 周围环境温度对蒸发冷却效果的影响，比较明显。本次试验中前三天正值一年中最热的三伏季节，室内最高气温达到了 36℃，见表 7-4 记录的试验结果，在这种高温环境下测试的温度分布数据显示，环境温度对蒸发冷却有一定的影响，使得总的温度分布偏高一些，且很明显。

③ 密封体内的压强对蒸发冷却效果有一定范围的影响。本次传热试验过程中，密封腔体内的压强很难保持在外界常压，经常是处于 0.003～0.005atm（相对）之间，通过比对各种压强值下的定子试验模型中的温度分布，可以得出的结论是：压强从常压 0～0.005 atm（相对）之间变化时，密封腔体内定子试验模型表面的温度受到明显的影响，一般会升高 3℃左右，而定子模型内部，特别是接近铜导体的位置，温度不随压强变化。

④ 二次冷却系统，即冷凝器，对密封体内的压力起明显而主要的调节作用，但这种调节是有限度的，一旦冷凝器冷却容量饱和，则冷凝器对压力无调节。此时冷凝器将不能及时传热，会导致密封体内的压力、各处的温度急剧上升，甚至会酿成严重的事故。所以，设计浸泡式蒸发冷却系统，冷凝器的设计十分重要，一定要留出足够的裕度，保证冷凝器在电机各种运行工况下，对定子密封腔体内的压力都能起到调节作用。本次试验中的冷凝器设计余量不足，当电流密度超过 6.5A/mm² 后，其调节作用基本上没有了。

⑤ 蒸发冷却介质的用量，对蒸发冷却效果有一定影响。当液态介质没有完全浸泡发热部件时，会存在局部过热现象，也就丧失了蒸发冷却的意义；当液态介质充分浸泡发热部件后，则介质的用量对蒸发冷却及其温度分布影响很小，几乎没有影响。这个结论为已经申请的一个专利提供了设计依据与技术支持，可以实施到将来的新型隔爆电动机上，显著降低生产成本。

⑥ 浸泡式蒸发冷却定子线圈（绕组），绝缘结构对传热有决定性作用。定子绕组的匝间绝缘一般是承受电压梯度，当定子的电源电压变化率较大时，匝间绝缘起主要的绝缘作用，所以匝间绝缘的尺寸一般不能改变。由于匝间绝缘尺寸很小，不到1mm，其对定子的传热影响很有限，所以考虑蒸发冷却定子绝缘结构时，保持匝间绝缘原有的尺寸不变，主要是设计合理的主绝缘结构。试验表明，使用本次试验中特定的蒸发冷却介质时，定子主绝缘厚度

对定子的温度分布起主要作用，主绝缘越薄，温度越低，0.2mm 的绝缘厚度，绝缘层内的温度平均相差 3℃左右，最热处的温度，即铜导体的温度相差 5℃左右。所以，结合蒸发冷却的绝缘性能，在保证定子绝缘可靠的前提下，应尽可能减薄主绝缘厚度。

⑦ 浸泡式蒸发冷却定子线圈（绕组），温度分布规律是：线圈的直线部分嵌放在定子槽内，不能与蒸发冷却介质接触，这部分的热量主要从定子铁芯、槽楔、铁芯段之间的流液沟传出来，属于间接式蒸发冷却，最热位置是铜导体，主绝缘层内存在温度梯度，即温度差，这一温度差，随着主绝缘厚度的增加有所增加，但主要是随着电流密度的增加而明显增加，前已述及，当绝缘厚度变化 0.2mm 时，温度平均相差 3℃左右，而当电流密度变化 $0.5A/mm^2$ 时，温度平均相差 6℃左右，所以，在浸泡式蒸发冷却方式下，选择合适的电流密度至关重要，这一工作必须要结合主绝缘的厚度，要慎之又慎。定子线圈的端部浸泡在蒸发冷却介质里，温度比较均匀，只是在主绝缘内存在温度差，其温差的规律与槽内直线部分基本一致。

⑧ 浸泡式蒸发冷却与常规冷却方式的对比。表 7-5 中的加阴影部分，是常规空冷 1120kW、10kV、隔爆电动机的额定电流密度，在这种负荷下，蒸发冷却下的温度分布十分均匀，最大温差是 6℃。将这一试验结果，与采用常规结构的空冷隔爆电动机进行比较，前已述及，常规结构的空冷隔爆电动机的风路最大温差是 27℃，温差较大，并伴有局部过热区，从中看出新型电机研制的前景及具备的极大优越性。

本章小结

本章的研究内容是第 5 章的延续，是对第 5 章所述的蒸发冷却定子绝缘结构温度场数值仿真结论的验证与修正。通过本章的试验研究可见，在充分认同浸泡式蒸发冷却的强冷却效果，并为隔爆电动机的定子提供了优良的气、液、固三相绝缘系统的基础上，五种减薄了厚度的主绝缘结构，经过五次不同时间的试验考核，得到了确切的总结性温度分布试验结果，达到了隔爆电动机运行期间对温度分布的严格要求，解决了高功率密度蒸发冷却电机定子绝缘结构的确定性方案，研究结果表明，这五种新型的、针对蒸发冷却方式的定子绝缘结构均可行。并为后续的工程上的设计计算提供了参考。

参考文献

［1］周健，黄祖洪. 高导热绝缘材料在高压电机上的应用及前景［J］. 绝缘材料通讯，1999
　　（6）：38-41.

［2］栾茹，顾国彪. 蒸发冷却汽轮发电机定子绝缘结构的模拟试验及分析［J］. 大电机技
　　术，2002（6）：23-26.

［3］栾茹. 卧式蒸发冷却电机定子的绝缘与传热［M］. 北京：科学出版社，2009.

第8章

蒸发冷却隔爆电动机内置式冷凝结构

8.1　引言

在第 5 章的研究内容中提及了风冷凝器的技术原理与结构，这是新型蒸发冷却隔爆电动机的第一个创新之处。前已述及，隔爆型异步电动机属于冶炼、矿山、机械等大工业生产中十分重要的驱动设备，为泵类、风机类或者压缩机类设备提供动力，大多数处于连续运行方式（即 SI 方式）。该设备除按规定的检修期检查外，不允许出现临时故障或者停机维修。用户对该设备的使用要求是可靠、平稳，以便保证大工业生产的连续进行。鉴于此，制造该设备的生产企业必须通过提高隔爆异步电动机的可靠性，才能在激烈市场竞争中处于领先地位，风冷凝器正是基于这样的使用需求而产生的。

隔爆型异步电动机是一种工业生产中常用的异步电动机，也运用电磁力定律将交流电能转换为机械能，驱动负载运动。在内部组成与结构方面，与普通的异步电动机别无二致，同样由静止部分（定子）、定转子中间间隔（气隙）、旋转部分（转子）构成。高压三相交流电源接到异步电动机的定子三相绕组，产生旋转磁场，通过定子铁芯、气隙、转子铁芯所构成的磁路，进行电磁感应，在转子绕组内感应出电压进而感应出电流，转子电流在旋转磁场作用下，根据电磁力定律，产生作用在转子表面的电磁力，再进一步形成对转子轴的电磁转矩，然后带动转子轴上连接的驱动设备（或称负载）产生旋转运动。当电机稳态运行时，转子的旋转速度要略低于旋转磁场的速度，也就是"异步"电动机称谓的由来，即电机里有两个旋转速度，两者之间不能相等。正是由于"异步"，当电机稳态运行时，转子绕组中存在较小的感应电流，则转子部分的发热不严重，一般的通风措施就能够带走转子运行时产生的热量。但是，定子绕组中的电流是比较大的，相应的电阻损耗较大，不仅如此，定子铁芯在旋转磁场的作用之下也会产生涡流与磁滞损耗，这些损耗基本上转变成热而使整个定子的温度升高，当温度升高达到一定程度时，定子绕组的绝缘材料会急剧老化导致绝缘失效，致使电机发生重大故障而无法继续运行。所以，保证异步电动机可靠稳定运行的前提条件是，电机运行时发热部件产生的热量，能够被及时有效地散掉，特别是定子冷却，是散热的关键，保持电机整体的温度在一个合理的范围之内。隔爆异步型电动机较之普通的异步电动机，其发热与冷却问题将更为突出，因为隔爆型异步电动机的机座与外壳采用十分严格的密封结构，电机内部与周围环境是完全隔离的，进而阻断了自然散热的渠道。在正常工作状态下，隔爆型异步电动机外壳表面温度，煤矿用不得超过＋200℃，但有煤粉堆积在电动机表面时，不得超过＋150℃，工厂用的，根据粉尘混合物组别相应制定出了最高允许温度值，以本章发明专利所涉及的驱动强粉尘环境下的风机用隔爆型异步电动机为例，其运行温度不得超过 135℃。这就对隔爆型异步电动机的冷却技术，尤其是定子冷却技术有了十分迫切的需求，只有建立在先进合理的定子冷却技术之上制造出的隔爆型异步电动机，才能占据该行业市场的制高点。现阶段，针对各类（包括隔爆型）异步电动机定子采取的冷却技术，通常是依靠各类风扇的通风冷却技术。

8.2　现有冷凝器的弊端

现有的隔爆异步电动机定子结构及冷却技术存在一定的弊端。一般高电压、大功率的隔爆型异步电动机的结构如图 8-1 所示，其中标出了定子部分等主要部件所在的位置。

按照电机内冷却空气流动的方向，空气冷却系统由径向风路（图中未标出）、轴向风路组成。转子每端装有一只轴流式强力风扇，冷气流沿轴向进入转子中部，再沿定转子铁芯上的径向风道，吹拂过转子绕组、定子绕组、定子铁芯后，进入定子铁芯背部成为热空气。在机壳与机座的四周安装有与外部环境进行强力通风散热的风管，风管的两端出口与外部周围大气相通，见图 8-2 中的照片，风管直线部分的大部分被密封在电机内部，位于定子铁芯背

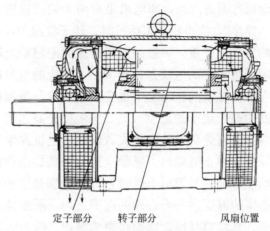

定子部分   转子部分   风扇位置

图 8-1   隔爆型异步电动机通风技术示意图

部的上部与下部。电机运行时，位于电机外一侧的引风罩内安装了大功率外置风扇，如图 8-2 所示的照片，将大量的外界冷风引入风管内，流过风管的过程中与定子铁芯背部的热空气进行热量交换，将定子热空气降温，再从风管的另一端排出到外界环境，从而带走电机内部产生的热量。以上所述即为现在通用的隔爆型异步电动机的冷却技术与结构。

强力风管及其出口

图 8-2   隔爆型异步电动机的外部风管

前已述及隔爆型异步电动机的外壳，根据防爆等级，需要严格密封，电机内部的冷却完全依靠径向与轴向风路的循环送回风，与通向外部的风管内的冷风进行热交换来实现。所以，电机内部的气流总是不断在其密封体内循环往复，不能与外界直接接触。另外，不论采用何种风路系统，利用空气冷却的电机共同特点是，空气的比热容与热导率均较小，相对密度又较大，在高速电机中引起的摩擦损耗很大，噪声非常大，则换热的效率是很低的，冷却的效果一般甚至很差。实践证明，通风冷却的隔爆型异步电动机定子铁芯、绕组均存在不同程度的局部过热点，温度分布很不均匀，因此现在的制造厂商往往降低定子电流即电机的输出功率，来保证电机的冷却效果。

空气作为冷却介质，其电绝缘性能一般，与固体绝缘材料及液体绝缘材料（如变压器油、蒸发冷却介质等）相比，绝缘强度较低，需要的绝缘距离较大，所以通风冷却的电机体积大、耗材多，效率不高。

8.3　现有蒸发冷却结构的局限性

现有的蒸发冷却方式是由中国科学院电工研究所独创的一种新型的冷却技术与结构，主要用于大型的水轮发电机与汽轮发电机。尽管采用蒸发冷却技术的新型电动机目前仍处于工业性样机试制阶段，还没有实现真正的产业化，但是已经投入运行的机组呈现出的突出业绩，赢得了国内外电机行业人士的密切关注和国内电站业主的高度评价。本发明创造正是对现有蒸发冷却技术在隔爆型异步电动机上的改进与创新，所以十分必要。

现有的大型水轮发电机与汽轮发电机上的蒸发冷却技术，其应用取得了显著的成就，但目前还没有用于隔爆型异步电动机上的先例，主要的障碍来自于隔爆型电动机特殊的外壳与机座方面的密封要求，按照隔爆型电动机的结构规范，其外壳与机座不能有外露的连接部件或零件，比如不能有露出的螺钉等。从图 3-1 中所示的蒸发冷却结构可见，蒸发后的介质必须通过位于电动机顶部的水冷凝器进行二次热交换后，才能再转变为液态，实现自循环蒸发冷却的过程，而水冷凝器应位于电动机外部的最上部，需要与电动机的外壳连接，这就明显违背了隔爆型电动机的结构规范，所以现有的蒸发冷却技术还无法实施于隔爆型异步电动机上。

8.4　内置式冷凝器的技术方案

隔爆型异步电动机由于采用不同于已有蒸发冷却电动机的独特的密封结构，其内部空间完全与周围环境隔绝，这就为合理冷却发热最严重的定子带来了难题，现有的空气通风冷却技术不能彻底解决这一难题。本书下面所提供的发明创造，借助于蒸发冷却技术，已经找到了解决这一难题的结构性方法。

8.4.1　内置式冷凝与密封的原理

浸泡式蒸发冷却利用液体介质沸腾蒸发时所能吸收的热量要比"比热容"大得多的物理现象，冷却能力强，远超过空气通风冷却，而且温度分布十分均匀，避免出现局部过热点。蒸发冷却介质是优良的液体绝缘材料，击穿电压略高于变压器油，兼备低沸点、不燃、不爆等性质，前面章节的试验研究证明，液态或气液两相态的冷却介质击穿后，只要稍降低一点电压，就可以自行恢复绝缘性能，再击穿的电压值并无明显下降，除非在连续数十次击穿后，引起大量炭化，击穿电压值才逐渐降低，因此蒸发冷却介质能够承担较大的绝缘强度，优化电场分布。蒸发冷却技术的这些特征符合用户对隔爆型异步电动机运行可靠平稳的基本要求，也是本发明创造依托的基础原理。

由中国科学院电工研究所发明的卧式电机蒸发冷却系统结构，见图3-1，使用外置式冷凝器结构，不适用于隔爆型异步电动机，隔爆型异步电动机现有的风管通外界风冷却的结构，见图8-2，属于埋设在电机内部的内置式热交换结构，很适合于该类型电机的隔爆结构，在制造技术上也很成熟。按照现场测试的风冷温度降来看，风管通风进行二次冷却的效果，应该与现有的蒸发冷却系统中水冷凝器相差不是很大，第5章的5.4节，运用数值计算方法，从理论上也证明了风冷管道的这一冷凝效果。基于此，本发明创造充分利用了现有隔爆型异步电动机的风管结构，重新设计二次热交换结构，提出新型的蒸发冷却二次热交换技术。即将隔爆型电动机的定子再单独密封，蒸发冷却介质罐入定子的这个密封腔体内，浸泡定子整体，对电机运行期间发热的定子进行蒸发冷却，定子密封腔体的上部采用风（或通水）冷凝管结构替代现有的蒸发冷却系统中水冷凝器结构。冷凝管道的两端与外界相通，其外在部分基本上保持现有隔爆型异步电动机的风管结构不变，而处于电机内的直线部分冷凝管道，去掉原有的任何隔离，与定子侧一起密封在腔体内，管道位于定子密封腔体的上部，其薄壁直接与沸腾后的蒸发冷却介质相接触，只要风管内的通风（或通水）温度与介质的沸点温度有一定的温差，就可以实现蒸发后的冷凝，即蒸气状态的介质将所带的热量传给风管内的冷风后冷凝成液态，形成蒸发冷却循环，这就是隔爆型异步电动机定子蒸发冷却中的内置式冷凝结构的工作原理。

8.4.2　内置式冷凝与密封的结构

现有大型隔爆型异步电动机，内部发热空间与外界环境隔离，电压等级一般为 1 万伏，为了确保电机运行时温度升高在合理范围内，其额定电流一般在 100A 以内。本章的发明创造针对这一现状，对该类型电机的定子结构提出了新的结构方案。

改变原来的风冷结构，在定转子之间的气隙内增加一个绝缘套筒，该套筒紧贴定子内径，与转子表面要离开一定距离，保证转子正常可靠地旋转，再在定子两端各增加一个侧壁，与定子内表面的这个绝缘套筒装配成一体，进而形成将定子整体密封的腔体，见图 8-3 结构示意图。在定子密封腔体的上部沿圆周均匀布置若干个通风（或通水）管，通风（或通水）管横穿过定子密封腔体两端的侧壁，在接触处牢固地焊接在一起，则通风（或通水）管被分成两部分，一部分位于定子的密封腔体内，一部分位于该密封腔体外而处在隔爆型异步电动机内，通风（或通水）管的两侧出口与外界相通，进而构成了内置式冷凝结构。

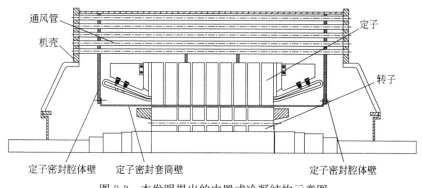

图 8-3　本发明提出的内置式冷凝结构示意图

电机运行前，定子密封腔体应抽成一定程度的真空，将常温下为液态的蒸发冷却介质从位于机座底处的阀门灌入定子的密封腔体内，充液面应该没过定子铁芯外径，保证将定子整体完全浸泡，但不能灌入太多的介质，以免减小密封腔体内的蒸发空间，导致压力过大，沸点温度上升等不良现象出现，充液面一定要与通风管之间留有足够的空间距离，即传热学中的蒸发空间。电机运行过程中，定子整体因各种损耗产生大量的热，加热了腔体内的蒸发冷却介质，介质不断吸热，温度不断升高，当达到沸点温度时开始沸腾换热，此时吸收热量的能力是最强的，沸腾后呈气态的介质因密度变小而不断上升，遇到上部的通风（或通水）管，与管内的外界冷风（或水）进行热量交换后，介质又被冷凝成液态，从风管外壁滴落回液体表面，这样能够源源不断地通过蒸发冷却介质与风管中的外界空气（或水），将定子发出的热量及时散到隔爆型异步电动机的外部，形成自循环蒸发冷却过程。

8.5 内置式冷凝器的优势

现阶段大型隔爆型异步电动机的定子电流很低，往往不超过 100A，主要是因为现有的隔爆型异步电动机散热困难，不能设置太大的电流，而根据电机学理论，定子电流与输出转矩成正比，这就限制了该类型电机在大生产过程中的输出功率、力能指标与效率等。不仅如此通风冷却定子的效果不是很理想，存在若干处局部过热点，如铁芯中心段、铁芯端部、定子绕组内部等，这就为电机长期运行埋下了隐患，很容易频发事故。

本发明创造一改隔爆型异步电动机依靠内部的气流不断在其密封体内循环往复的冷却结构，采用现阶段冷却效果最好的蒸发冷却技术，针对现有的卧式电机蒸发冷却技术不能用于隔爆型电动机上的现状，进行了二次冷凝技术的创新，采用新型的风冷凝结构，能够实现同样的蒸发冷却过程。经过本章这一发明创造设计出来的隔爆电动机，将能够实现以下的优势：

① 提高定子电流密度。由于采用了效果最好的蒸发冷却，定子的热负荷可以打破原来通风冷却的局限，可以大幅度提高定子的电流密度，进而提高电机的出力。经过本发明实际设计确定，采用本发明的定子冷却结构，可以将定子电流密度由原来的 $3\sim4A/mm^2$，提高到 $8A/mm^2$，可以实现现有电机的超载运行，超载倍数可以达到 2 倍以上，大大提高了电机的输出功率与力矩。

② 增加电机的运行可靠性，免维护。由于蒸发冷却介质是绝缘材料，冷却效果均匀无局部过热点，则电机的定子将可以长期可靠稳定运行，不必担心因通风冷却所带来的局部过热、绝缘材料老化等隐忧。

③ 节省铜、铁芯、绕组主绝缘等用材。本章发明创造所设计的定子结构，由于大幅度提高了定子电流密度，相应可以减小定子绕组的铜截面积，还可以大幅度提高磁通密度，相应可以减小铁芯尺寸。

④ 扩展了蒸发冷却原理的应用范围。本章发明创造改进了现有的蒸发冷却技术的不足，提出了新型的蒸发冷却系统中的二次冷凝结构，即风冷凝结构，既充分利用了现有隔爆型异步电动机的密封结构，又科学合理地与蒸发

冷却技术相结合，进而能够彻底解决隔爆型异步电动机中发热严重的定子冷却问题，保证隔爆型异步电动机运行可靠稳定的要求。

本章小结

　　本章提供的发明创造的创新之处是：

　　① 在隔爆型异步电动机的防爆壳内实现的内置式蒸发冷却结构。

　　② 蒸发冷却介质蒸发后与本章所提出的风（或通水）冷凝管进行二次热交换，再冷凝成液态的结构与过程。

参考文献

[1] 栾茹. 卧式蒸发冷却电机定子的绝缘与传热 [M]. 北京：科学出版社，2009.

[2] 栾茹，等. 三维气流数值仿真中悬浮边界面处理技术的研究 [J]. 系统仿真学报，2008，20（13）：3371-3373，3377.

[3] 栾茹，等. 1600kW 多相整流异步发电机定子温度分布的研究 [J]. 大电机技术，2007（9）：14-18.

[4] 栾茹，等. 135MW 全浸式蒸发冷却电机定子的绝缘结构 [J]. 高电压技术，2009，35（6）：1333-1337.

[5] 栾茹. 蒸发冷却对高压电机电场分布改善的研究 [J]. 高电压技术，2006，32（2）：8-11.

[6] 栾茹，等. 蒸发冷却环境下电机定子绝缘与传热的试验研究 [J]. 北京建筑工程学院学报，2006，22（3）：48-51.

[7] 栾茹，等. 135MW 蒸发冷却汽轮发电机定子绝缘结构的研究 [J]. 电工电能新技术，2006，25（2）：24-27.

[8] 栾茹. 24kV 蒸发冷却汽轮发电机定子绝缘结构的可行性研究（英文）[J]. 中国电机工程学报，2005，25（11）：101-106.

[9] 栾茹，等. 一种适合于蒸发冷却电机新型绝缘结构的研究与电场仿真 [J]. 大电机技术，2004，（11）：18-22.

[10] 栾茹，等. 新型浸润式蒸发冷却电机定子三维温度场的研究 [J]. 中国电机工程学报，2004，24（8）：205-209.

[11] 栾茹. 蒸发冷却大电机定子主绝缘的试验研究 [J]. 高电压技术，2003，29（9）：8-9.

[12] 栾茹. 蒸发冷却汽轮发电机定子绝缘结构的模拟试验及分析 [J]. 大电机技术，2002（6）：23-26.

[13] 肖富凯，栾茹. 一种隔爆型卧式电动机及卧式电动机内置式冷凝结构：CN，101976911 B.

第9章

蒸发冷却隔爆电动机内置式冷凝的密封结构

9.1 引言

根据第 8 章所描述的发明创造内容,蒸发冷却定子需要将定子整体密封,而目前的定子密封技术只适用于外置式水冷凝结构,不能用于隔爆式异步电动机的防爆外壳上。鉴于此,本章提供发明创造的成果将注重于解决隔爆式异步电动机定子采用蒸发冷却技术,定子的密封结构如何实现的问题。

现有的隔爆型异步电动机,均为常规的风冷却结构:转子每端装有一只轴流式风扇,冷气流沿轴向进入转子中部,再沿定转子铁芯上的径向风道,吹拂过转子绕组、定子绕组、定子铁芯后,进入定子铁芯背部成为热空气,由散热器再将热空气冷却,见图 8-1,由此可以看出,定、转子是作为一个整体由共同的风系统冷却,则定子侧不能密封,否则不能实现定、转子同时冷却的过程与效果。

本章发明创造设计出的隔爆型电动机,将定、转子分开来冷却,定子侧采用浸润(也称浸泡)式蒸发冷却方式,转子采用非常规的风冷却方式,后续章节将会介绍。浸润式蒸发冷却定子是将整个定子完全密封在腔体内,被其内充放的低沸点、高绝缘、不燃烧、无毒、化学性质稳定的液态蒸发冷却介质浸泡,这样需要将定子单独密封,才能用液态的蒸发冷却介质浸泡定子本体,不仅如此,在密封后的定子腔体上部必须设置风(或通水)冷凝管,该冷凝管还必须与电动机外界环境相通,以实现介质蒸发成气体后再冷凝成液体的循环过程，才能将电动机内的热量及时有效地带出去，达到较高水平的冷却，为此需要设计一个能够将定子与风（或通水）冷凝管一起密封的结构。

9.2 现有结构存在的问题

9.2.1 现有结构介绍

与本章发明创造密切相关的现有技术结构，就是由中国科学院电工研究所设计并实现的蒸发冷却汽轮发电机、蒸发冷却水轮发电机、蒸发冷却特种异步电机的密封结构。

蒸发冷却汽轮发电机如图 3-1 所示，该结构借助于电机外壳，再在定、转子之间增设一个绝缘密封筒与机壳装配连接而成，二次冷凝采用的是放置在电机机壳外部的水冷凝器，蒸发冷却介质蒸发后上升与位于定子密封腔体顶部的水冷凝器接触，将热量传给其内的冷凝水后冷凝成液体又滴回到原处。由此观之，蒸发冷却汽轮发电机采用的是外置式冷凝器结构，也就是将水冷凝器焊装在电机顶部，去掉与定子密封腔体之间的机壳部分，水冷凝器内部的水管与定子的密封腔体相通，以保证定子密封腔体内的气态介质与水冷凝器直接接触。

蒸发冷却水轮发电机的定子是立式结构，其蒸发冷却循环结构见图 9-1。由于蒸发冷却循环是在定子绕组的内部实现的，只冷却定子绕组部分，定子

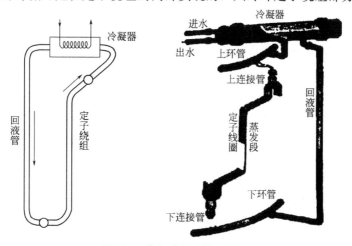

图 9-1 蒸发冷却系统示意图

铁芯及其他部件还是采用风冷却方式，所以这种立式定子的蒸发冷却过程，是不用将定子单独密封的。

蒸发冷却特种异步电机的密封结构与蒸发冷却汽轮发电机基本一致，均属于卧式电机定子的外置式冷凝器结构。

9.2.2　现有结构的弊端

针对上述蒸发冷却定子的现有密封技术，只是图 3-1 所示的冷凝器外置的密封结构。从该图可见，这种密封结构仅仅密封的是定子本体，不包括冷凝器（或称冷凝管），由前一章发明创造所阐述的原因可知，外置式水冷凝器不适用于密封要求十分严格的隔爆型异步电动机，故此得出，现有的密封结构不能用于隔爆型异步电动机的蒸发冷却定子，必须要重新设计适合于隔爆型异步电动机蒸发冷却定子内置式的密封结构。

9.3　新型的定子内置式冷凝密封结构

为了配合图 8-3 所示的蒸发冷却定子内置式冷凝结构，本章发明创造所提供的密封结构主要用于实现定子整体与冷凝管一起密封的目的。为了方便说明，本章用一些示意图重新表示图 8-3 所示的内置式冷凝结构，本章所有结构图中的编号项均在文中予以说明，不再在图中标识。

9.3.1　密封结构之一

图 9-2 中所示的是本章发明创造的密封结构之一，套筒 4 套装在定子 2 和转子 6 之间，套筒 4 用于将定子 2 单独密封，其与机壳 3 之间形成能够承载定子 2 的密封腔，在密封腔内充放有冷却介质 5，定子 2 浸在冷却介质 5 中，冷却介质 5 可以是具有低沸点、高绝缘、不燃烧、化学性质稳定等特点的任何冷却液，在冷却介质 5 的上方设置有冷凝管 1，冷凝管 1 的进口和出口设置在机壳 3 的外部。

套筒 4 由于设置在定子 2 和转子 6 之间，因此，套筒 4 应当选用绝缘的、非导磁的材料。这里套筒 4 与机壳 3 之间所形成的密封腔，仅由两者密封形成密封腔，具体情况如图 9-2 中所示，此时，应当将套筒 4 与机壳 3 之间采用密封连接的方式，在冷凝管 1 与机壳 3 的连接处也采用密封连接，可以采用

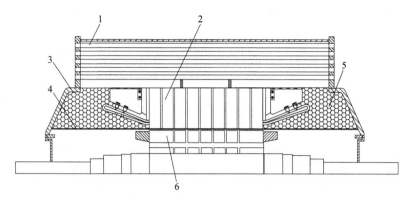

图 9-2　蒸发冷却隔爆电动机定子密封结构之一的示意图

焊接将冷凝管 1 与机壳 3 密封。

采用图 9-2 所示的这种密封结构，不需要其他的辅助部件就可以很方便地解决本章发明创造所要解决的技术问题，将冷凝管 1 与定子 2 密封在同一密封腔体内，实现定子 2 的蒸发冷却。

9.3.2　密封结构之二

蒸发冷却定子内置式冷凝密封结构，不只有一种，详见图 9-3，这是本章发明创造为第 8 章所提供的蒸发冷却定子内置式冷凝的第二种密封结构示意图。在图 9-3 中，定子 25 两侧设置有侧壁部件 22，冷凝管 23 穿过两侧的侧壁部件 22 并与侧壁部件 22 封固连接，侧壁部件 22 与机壳 21 和套筒 27 构成密封腔，冷却介质 26 充放在密封腔内。

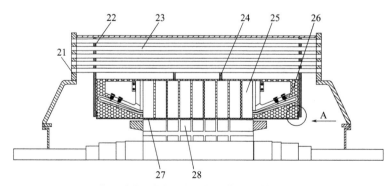

图 9-3　蒸发冷却隔爆电动机定子密封结构之二的示意图

此种密封结构的实施方式是利用其他的部件在套筒与机壳之间形成密封

腔。设置侧壁部件 22 可以简化加工过程，原本图 9-2 需要在机壳 21 上设置安装孔，将冷凝管 23 与机壳 21 进行封固连接，增加侧壁部件 22 后，只要在侧壁部件 22 上进行加工即可，使加工更为简便。具体的连接过程，先参考图 9-4 所示的结构，图 9-4 为图 9-3 所示密封结构的侧壁部件 22 的主视图，侧壁部件 22 为环状板，侧壁部件 22 的外缘与机壳 21 连接，且位于定子 25 两侧的侧壁部件 22 的内缘分别与套筒 27 的两端部连接，侧壁部件 22 相应的设置有用于安装冷凝管 23 的安装孔 221。安装孔 221 在侧壁部件 22 上的具体位置根据安装需要进行设置，如图 9-4 中所示，安装孔 221 只设置在侧壁部件 22 的局部。此外，安装孔 221 的形状可以根据冷凝管 23 的结构形状相应设置。侧壁部件 22 设置为环形板，不仅能够实现蒸发冷却技术在隔爆型异步电动机等对密封要求较高的电动机上的应用，并能解决套筒与机壳连接工艺复杂、密封腔的实现不方便的问题，简化密封腔的实现工艺。同时侧壁部件 22 与套筒 27 连接与机壳 21 构成密封腔，相比于套筒与机壳连接构成密封腔，只利用了定子两端的小部分空间，不必耗费大量的介质。侧壁部件 22 的外缘与机壳 21 可以采用焊接密封或者其他密封连接方式，其内缘与套筒 27 的端部也可以采用焊接或者通过连接件连接等其他密封方式。观察图 9-3 中的 A 处，图 9-5 为 A 处的局部放大图，从中可见本章发明创造采用了连接件 29 将侧壁部件 22 的内缘与套筒 27 连接。由于套筒 27 采用的是绝缘材料，其材质与侧壁部件 22 焊接工艺较复杂，因此，通过连接件 29 连接侧壁部件 22 和套筒 27 能够使装配过程更为简便。连接件 29 的材料优选为强度较高的环氧层压板，尤其有机硅环氧层压板具有较高机械强度、耐热性和介电性能，适于用作套筒连接。当然，连接件 29 也可以使用其他能够达到密封和强度要求的材料。

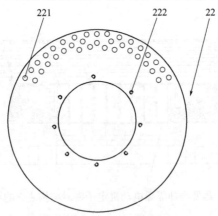

图 9-4　密封结构之二中的侧壁部件的主视图

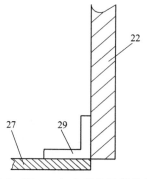

图 9-5　图 9-3 中 A 处的局部放大图

　　进一步再参考图 9-6 与图 9-7 中所示的连接件 29 结构。该连接件 29 包括
筒部 292，筒部 292 套装于套筒 27 的外沿，沿筒部 292 外侧端面周向设置有
法兰部 291，法兰部 291 与侧壁部件 22 的内缘连接，此时，在法兰部 291 上
均匀设置有若干法兰螺纹孔 293，侧壁部件 22 上均匀设置有与法兰部螺纹孔
293 相应的侧壁螺纹孔 222，螺纹紧固件插装在法兰螺纹孔 293 和侧壁螺纹孔
222 之间。螺纹紧固件可以选用螺栓、螺钉等。将连接件 29 设置为法兰部
291 和筒部 292 的组合，主要是根据侧壁部件 22 和套筒 27 的结构形式所进行
的设置，更方便于连接件 29 与侧壁部件 22 和套筒 27 的安装。

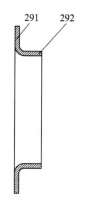

图 9-6　密封结构之二中连接件 29 的右视图

　　在定子 25 与冷凝管 23 管体之间设置有固定板 24。对于一些大型隔爆电
动机，设置固定板 24 可以保证部件之间的结构紧凑，尤其在非正常极端状态
下，比如电动机发生爆炸时，可以防止部件过于散落，带来更大的危害。固
定板 24 与冷凝管 23 和定子 25 的安装方式可以根据加工需要采用焊接或者其
他方式。此外，套筒 27 靠近转子内壁的一侧表面，在加工制造过程中由于拔

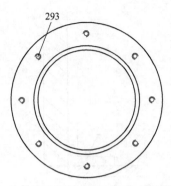

图 9-7　密封结构之二中连接件 29 的主视图

模的需要，形成很小锥度，一般不超过 5°，从而在定子 25 和转子 28 之间形成楔形气隙，有助于转子 28 的散热。

9.3.3　密封结构之三

除了上述两种密封结构，本章的发明创造还给出了第三种，详见图 9-8 和图 9-9。其中图 9-9 为图 9-8 所示的第三种密封结构的侧壁部件 31 的剖视图。

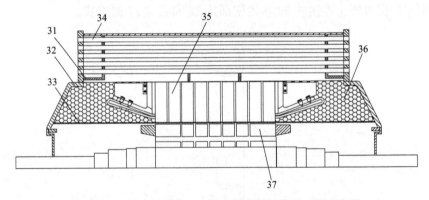

图 9-8　蒸发冷却隔爆电动机定子密封结构之三的示意图

如图 9-8 中所示的结构，套筒 33 设置在定子 35 与转子 37 之间，其两端与机壳 32 连接，侧壁部件 31 包括环状部 311 和筒状部 312，环状部 311 设置在筒状部 312 的外沿周向，详见图 9-9 所示的结构，环状部 311 与机壳 32 的顶部壳体连接，筒状部 312 与机壳 32 的侧部壳体连接，在环状部 311 设置有用于安装冷凝管 34 的安装孔，侧壁部件 31、机壳 32 和套筒 33 三者共同构成了承载定子 35 的密封腔，密封腔内充放冷却介质 36。

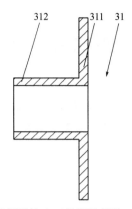

图 9-9　密封结构之三的侧壁部件 31 的剖视图

　　将侧壁部件 31 设置为环状部 311 和筒状部 312 的组合，能够将冷凝管 34 与机壳 32 密封，在机壳 32 上设置安装孔的加工，简化为冷凝管 34 与侧壁部件 31 的环状部 311 密封的方式，同时将侧壁部件 31 的筒状部 312 与机壳 32 密封连接，使侧壁部件 31 与机壳 32 和套筒 33 构成密封腔。

　　此外，筒状部 312 的直径可以大于定子 35 直径，也可以小于定子 35 的直径，当然在筒状部 312 不同直径的情况下，密封腔的容积会有不同，所承载的冷却介质的量也会有所不同，在保证冷却效果的前提下尽量减少冷却介质的用量为宜。

　　实现上述三种密封结构内二次冷却的通风（或通水）管，如图 9-10 所示的结构图，在本章的发明创造中，通风（或通）管称之为冷凝管，由铁材料制作，内径为 2～2.5mm，管壁厚为 2mm，根据具体隔爆型异步电动机的尺寸、容量与损耗情况，具体确定风冷凝管的数量与长度等相关尺寸。

　　从 9.3.1～9.3.3 中所述的三种密封结构当中选择一种，再结合图 9-10 的冷凝管，将这些部件安装成一体后，就可以构成适用于各种大型隔爆异步电动机蒸发冷却定子内置式的密封结构。

图 9-10　风冷凝管结构图

9.4 新型的定子内置式密封结构的优势

本章提供的发明创造具备的优势是：

① 与现有的蒸发冷却定子密封结构相比，本发明的密封结合处连接简单。见图 3-1 中的密封结构，原来的绝缘套筒是与电机两端部的机壳连接起来，而机壳是铁材料，则铁材料与绝缘材料的连接在工艺上实现很复杂，加工工时多。本发明采用一种很方便易行的过渡性连接结构，可以显著简化装配工艺流程，易于操作。

② 本发明密封的不仅是定子，还包括冷凝管，则介质蒸发后马上就可以与冷凝部分相接触，减小了蒸发行程的阻力，提高冷凝效果。

③ 本发明提供的密封结构可以减少介质的用量。与现有的密封结构相比较，如图 3-1 所示，可以明显看出，现有密封腔体包括了定子端部的大空间，这需要大量的介质来填充，才能达到将定子整体完全浸泡的效果，而本发明中的密封空间，尤其是密封结构之二，只取了定子端部的一小部分空间，不必耗费大量介质。

本章小结

本章提供的发明创造的创新之处在于：

① 定子密封腔体的侧壁结构。

② 定子密封腔体与冷凝管的装配结构。

③ 冷凝管结构。

④ 冷凝管与定子整体的密封结构。

参考文献

[1] 肖富凯，栾茹. 一种隔爆型卧式电动机及卧式电动机内置式冷凝结构：CN，101976911 B.

第10章

蒸发冷却隔爆电动机定子端部的密封

10.1 引言

　　蒸发冷却技术发展到现在，从理论研究到工程应用都已经比较成熟，具备产业化的条件，但是一个现实问题又摆在了科研人员的面前，蒸发冷却介质的价格十分昂贵，质量较好的介质市场价格一般要在每千克 500 元人民币，第 6 章与第 7 章的试验中所使用的蒸发冷却介质，属于质量稍次的一档，仅仅能用于试验研究，价格也要每千克 224 元人民币，而若用于真机上，必须使用质量较优的蒸发冷却介质。而其他冷却方式的冷却介质，如空冷中使用的空气，氢冷中使用的氢气，水冷中使用的处理水，空气不用价格随便使用，氢气与处理水的费用也远远低于蒸发冷却介质的市场价格，这样一比较，尽管前面章节已经阐述，蒸发冷却方式能够显著降低隔爆电动机的用材，进而可以降低隔爆电动机的市场价格，具备提高材料利用率的优势，但是它本身的介质价格居高不下而抵消了这一优势，严重阻碍了蒸发冷却技术的产业化进程。所以，蒸发冷却技术进一步发展的当务之急是，要么显著降低介质的市场价格，要么在保证隔爆电动机运行性能的前提下，显著减少介质的用量。这就是科研人员提出本章的发明创造的研究背景。

　　在第 7 章所述的传热试验研究中，得出了研究结论 5，详见 7.4 节，说明蒸发介质完全浸泡发热的整个定子后，可以尽可能减少介质用量而不会影响电机的运行。比较第 9 章的图 9-2、图 9-3、图 9-7 与第 3 章的图 3-1 可见，尽管这些结构里的介质都对定子完全浸泡，但显然图 9-3 的定子密封结构需要的介质用量最少，而图 3-1 的密封结构却需要最大量介质，说明通过优化设计定子的密封结构，能够显著减少介质的用量。而再观察这四张图中的密封结构，可以发现，这四种密封结构的差异主要在定子端部的密封处理上。

10.2　现有结构存在的问题

在第 9 章里已经列出的蒸发冷却定子的密封结构存在的问题是：

① 隔爆电动机定子的端部，见图 9-2 中的结构示意图，主要由端部铁芯、端部绕组构成。可见端部的定子绕组伸出铁芯较长一段，这一段是悬空的，而且电机运行时，在定子绕组上将产生很强的电动力及电磁振动等，必须对端部的定子绕组加以牢固的固定，如采用端箍、绑扎带、加强筋板等。但是，经过对大量电机投入工程使用发现，电机出现定子绕组松动与脱落等事故时，往往从定子端部开始，说明此处的固定存在薄弱点，这个问题至今还没有得到彻底的解决。

② 采用蒸发冷却技术的定子，见第 9 章的图 9-2、图 9-3、图 9-7 与第 3 章的图 3-1，都必须对整个定子进行密封，形成定子密封腔体，该腔体的中间部分由于存在大体积的定子铁芯，不会需要多少蒸发冷却介质液体，而腔体两端由于空出的空间较大，介质主要集中于此，即定子端部需要大量的介质。据实际使用情况，图 3-1 所示的 50MW 蒸发冷却汽轮发电机的定子腔体需要灌入 1t 左右的蒸发冷却介质液体，其中定子端部占用了 80％以上。笔者曾利用一台实际的隔爆型异步电动机的结构尺寸，采用图 9-3 中的定子腔体结构，计算了该腔体需要的介质用量，达到了 500kg 以上，其中定子端部占用了 80％以上。如果使用的是质量较好的蒸发冷却介质，市场价按每千克 500 元计算，则每台蒸发冷却隔爆电动机的介质用量投入至少需要 25 万元，这相对于现有的采用风冷却的（隔爆）异步电动机而言，是额外增加的成本（空气作为冷却介质是无成本的）。现有的一台常规结构隔爆电动机的售价最高为 50 万元左右，若采用现有的蒸发冷却定子密封腔体显然需要极大的投入，相应必然要大幅度提高隔爆电动机的市场商品价格，使得采用蒸发冷却技术的隔爆电动机不具备价格优势，也就丧失了市场竞争力，导致制造企业不可能生产出蒸发冷却隔爆电动机。

10.3　新型的定子端部密封结构

本章发明创造主要解决将蒸发冷却技术应用于各类电动机过程中所面临的介质用量问题，特别是隔爆型异步电动机，减小了介质用量，即可以显著降低蒸发冷却隔爆电动机的制造成本，进而能够向市场上推出集可靠性、平稳性、免维护性、低成本等于一身的新型先进隔爆电动机。同时也可以解决现有隔爆电动机存在的定子端部固定不牢的问题。

10.3.1　密封技术的分析

通过比较现有的电机冷却方式，即风冷（空气冷却）与蒸发冷却，可以得出以下的结论：① 蒸发冷却由于使用了具备绝缘性质的液态蒸发冷却介质，可以同时具备冷却与绝缘双重工效。所以，蒸发冷却定子时，可以显著缩小定子的体积，进而减小整个电机的体积，减少制造原料，这是风冷无法实现的。② 蒸发冷却的温度分布均匀，特别是定子的端部，无局部过热点，冷却效果最好。③ 实验证明，浸润式（也称浸泡式）蒸发冷却定子，依靠蒸发冷却介质液体本身的绝缘性与介电常数，能够均匀分布定子槽内的电场，防止高电压定子绕组产生局部放电，定子可以取消防晕处理。

基于以上的结论，本章发明创造将当今最先进的蒸发冷却技术使用到隔爆电动机定子上，而这个实现过程需要首先设计出合理的定子密封腔体，来盛装蒸发冷却介质液体浸泡定子。本章发明创造所指的合理性，不仅在于该密封腔体能够封住整个定子连同定子上部的冷凝器，保证蒸发冷却过程能够不断正常循环下去，更在于该密封腔体能够减掉不必要的空间，优化蒸发冷却介质的分布空间，使其以最小的用量发挥最大的蒸发冷却潜力。

因此，对定子密封腔体的合理设计应该从以下两个方面入手：

① 充分利用蒸发冷却方式的绝缘与冷却优势，优化设计隔爆型异步电动机，主要以增大定子绕组的电流密度与气隙磁通密度的方法来实现，适当增大这两个十分重要的设计参数，可以显著降低定子的体积，相应的减小了定子密封腔体的体积以及整个电机的体积。请注意，这种减小，是与现有的风冷异步电动机相比较得到的。这种优化设计方法将在本书的另一个发明创造里予以阐述。

② 分析现有的蒸发冷却定子的密封腔体，见 10.2 节所罗列的现有密封技

术的缺点，介质分布显而易见地呈现出两头多、中间少的特点，且相差悬殊，据现有的蒸发冷却定子的尺寸估计，定子端部与中间部分介质量的比例几乎5∶1，所以，本章发明创造从此处入手，重新设计定子端部的密封结构，推出新型的蒸发冷却定子密封腔体，使其内的蒸发冷却介质液体分布趋于合理，将介质量降至最低，而蒸发冷却的冷却效果不变。

10.3.2　新型密封结构的技术原理

现有的定子密封腔体的端部空间，有些是不必要的，完全可以利用蒸发冷却特点予以去掉。因此，本章发明创造对于蒸发冷却隔爆电动机定子端部的新型密封结构的设计分为两个步骤。

① 减小浸润式蒸发冷却定子的端部绕组出线的长度。隔爆型异步电动机的定子主要由定子铁芯（见图 10-1）与定子绕组（见图 10-2）组成，定子铁芯的内圆沿圆周开有均匀分布的铁芯槽，定子绕组［也称为元件，见图 10-3（a）］按照一定规律嵌放到这些槽内，每个槽里放置两个绕组（元件）的直线边［见图 10-3 (c)］，并用层间绝缘加以隔离，再用槽绝缘将两个绕组的直线边与槽壁隔离，最后用槽楔与楔下垫条（图中未画出这两部分）将两层定子绕组及其绝缘紧紧地压入、固定在定子槽内，整个结构详见图 10-2、图 10-3。

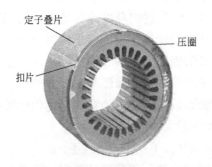

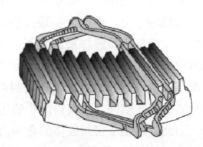

图 10-1　定子铁芯　　　　　　图 10-2　嵌放到定子铁芯槽内的定子绕组

现有的隔爆型异步电动机，特别是高压电动机（电压等级为 10kV 以上，kV 是千伏的符号）的定子绕组在端部出槽口处要伸出铁芯较长一段，这一现象已经在 10.2 节所述的问题里提到，现解释如下：图 10-4 表示了现有的高压电机定子绕组槽内外的标准结构，矩形截面的绝缘导体嵌入叠片铁芯的槽内，嵌入槽内部分与槽外延伸部分具有一外部防电晕涂层，其功能是控制绕组表

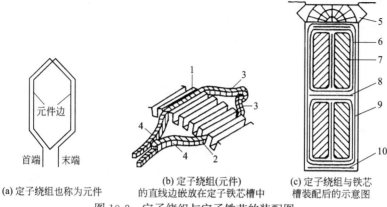

(a) 定子绕组也称为元件

(b) 定子绕组(元件)
的直线边嵌放在定子铁芯槽中

(c) 定子绕组与铁芯
槽装配后的示意图

图 10-3　定子绕组与定子铁芯的装配图

1—定子铁芯槽；2—定子绕组端部出槽口；3，4—定子绕组的端部；5—槽楔（楔下垫条未画出）；
6—上层绕组边的绝缘层；7—上层绕组边的铜导体部分；8—层间绝缘；9—槽绝缘；10—槽底绝缘

面电场强度的大小，降低定子端部局部放电量，所以，从改善端部电场容易集中的角度考虑，需要一段较长端部绕组距离的场强分布，例如 10kV 绕组出槽口处因需要防电晕涂层的处理，槽外延伸部分至少为 400mm。

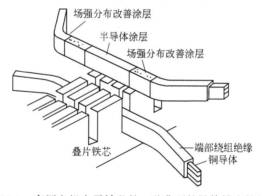

图 10-4　高压电机定子铁芯的一种典型的导体槽内外结构

　　浸润式蒸发冷却是将整个定子用密封腔体严格封起来，然后用绝缘的蒸发冷却介质液体将其完全浸泡，这样当电机运行时定子密封腔体内会自然形成气、液、固三相的绝缘系统。前面章节对这一绝缘系统采用局部放电试验与电场数值计算进行了细致深入的研究，证明该系统能够改善包括定子端部的电场强度的分布、防止局部放电的发生。笔者曾经在已出版的一本专著里阐述了对蒸发冷却定子端部的电场分布研究，详见文献 [1]，具体研究结论是总结出浸润式蒸发冷却定子端部电场分布的规律，即：出槽口处的冷却介质中电场最集中，但分布比较均匀，从内到外变化平稳，直至槽外的绕组端部，电场分布的过渡性很好，无局部突变点，且最大电场强度远小于冷却介质液体的击穿值，说明蒸发冷却介质对定子端部电场的改善非常显著，无须任何防晕手段。绕组在槽外的延伸长度对电场分布的影响不明显，当改变端部绕组伸出长度时，无论是总体电场分布趋势还是局部最大场强都没有反映出太大的变化，说明采用浸润式蒸发冷却的定子，定子端部绕组的槽外延伸长度不必再考虑电场分布与电晕的影响而尽可能满足电机设计本身的要求。因此，本章发明创造完全有理由利用浸润式蒸发冷却定子的气、液、固三相的绝缘系统，首先将定子端部绕组的伸出长度尽可能地减小，但也不能太小，否则将定子绕组下到铁芯槽内的工艺操作会很困难甚至无法实施。科研人员经过适当的模拟试验，初步判断对于10kV电压等级的定子绕组，其端部伸出长度可以减小至原来的85%，为340mm。

②减小浸润式蒸发冷却定子的密封腔体。经过上述的第一步骤，尽管可以缩短蒸发冷却定子绕组在端部的伸出长度，但仍然很长，所以接下来必须要改变定子密封腔体的形状。定子端部的绕组，按照工艺操作要求，要抬高、扭弯成一定角度，如图10-5中所示的现有的常规结构1120kW 10kV隔爆异步电动机的定子绕组形状。如果对定子的端部还按照现有结构密封，则端部绕组下面会有很大的空间被包括进来，见第9章的图9-2、图9-3、图9-7，也正是这部分空间需要大量介质来填充。因而本章提出的一种新的定子密封腔体的端部密封结构，其设计原理是：

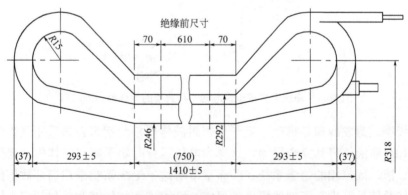

图10-5　现有的某高压异步电动机定子绕组图

沿着端部出槽口处定子绕组的弯曲形状，用合适的绝缘材料将整个伸出槽口的定子绕组完全包裹起来，使其下面的全部与上面的一部分紧贴该绝缘材料，不留空间，该绝缘材料将作为定子密封腔体壁，与位于中间气隙处的绝缘密封套筒壁及定子铁芯上部的密封侧壁一起,再与机壳顶部连接成定子密封腔体,见图 10-6。定子密封腔体主要的承重对象是蒸发冷却介质,而不是定子本体,现有的蒸发冷却定子密封腔体的密封套筒(见图 9-3),是由一种强度及抗冲击变形等性能均合适的绝缘材料制成的,所以有些绝缘材料是可以用来制造定子密封腔体的,其坚固效果与韧性不低于钢板等金属材料。这样设计出来的定子密封腔体的特点是,去掉了不必要的端部空间,最大限度地降低了该腔体的容积,在这样结构的密封腔体里,介质灌入的液面没过定子铁芯外圆表面即可,蒸发冷却介质液体的用量也随之降至最低。

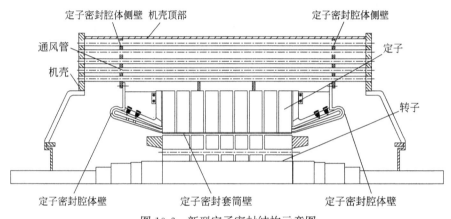

图 10-6 新型定子密封结构示意图

10.3.3 具体实施方式

以 1120kW 10kV 蒸发冷却隔爆型电动机的定子为例,说明具体的技术方案。

定子密封腔体的中间部分,即位于定子与转子之间的气隙位置,见图 10-6,仍然采用图 9-3 中所示的定子密封套筒壁,套筒结构见图 10-7,只不过将长度缩短,与定子铁芯同样长,材料上选择具备一定抗压强度、抗冲击变形、耐高温的绝缘材料,将该套筒牢固地粘在定子铁芯的内圆表面上。定子密封腔体的上部,由两个侧壁与电机机壳顶部内壁组成,如图 10-8 所示的侧壁结构图,侧壁的外径与电机机壳顶部的内径相等,与位于定子上部的通风管配合开孔,见图 10-6、图 10-8,让通风管穿过侧壁,并通过焊接等方法将侧壁与通风管连接起来,保证该处的密封性即可,侧壁内径与位于其下部的定子密封腔体壁相配合,应略大于定子铁芯外径,这两个侧壁与位于下部的定子密封腔体壁之间通过螺钉等方式连接起来，所以在每个侧壁的内圆偏上的位置，沿圆周配开 12 个螺钉孔。侧壁材料没有限制，可以是导体或绝缘体，只要保证具备一定抗压强度即可。这里顺便指出的是，通风管是导热性较好的铜管或铝管，主要起冷凝的作用。

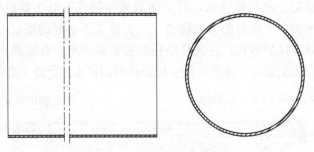

图 10-7　定子密封套筒壁

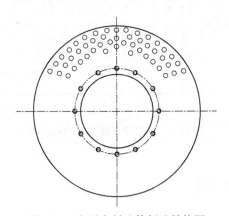

图 10-8　定子密封腔体侧壁结构图

　　接下来详细介绍本章发明创造的新结构，在位于上部的定子密封腔体侧壁与位于底部的定子密封套筒壁之间，是定子密封腔体壁，详见图 10-6，所起的作用主要是将定子端部绕组包裹起来，具体结构见图 10-9。为了更直观地表示这种包裹作用，图 10-10 给出了其剖视图，剖视的位置为图 10-9 中 A—A 处，定子端部绕组将放进该腔体壁所围出的空间里。

　　从图 10-10 可以看出，定子密封腔体壁由三个部件构成。部件 1 的结构见图 10-11，剖面图见图 10-12，在部件 1 的外圆内开有 12 个螺钉孔，连接上部的密封腔体侧壁，部件 1 的靠近内圆的部分要弯曲、凸出并向上略微翘起，这种结构形状主要是配合定子绕组端部的形状。部件 2 的结构见图 10-13，剖视图见图 10-14，部件 2 的上部与部件 1 搭接，见图 10-10，并按照定子绕组

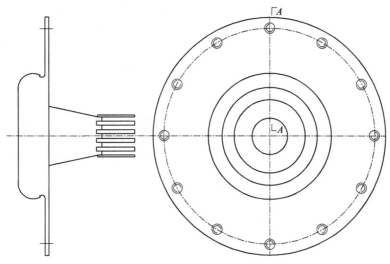

图 10-9　定子密封腔体壁主视图与左视图

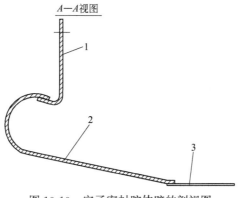

图 10-10　定子密封腔体壁的剖视图

端部的形状进行弯曲,将定子绕组的端部包裹起来,部件 2 的下部是斜线形,也是配合定子绕组端部出线的形状,倾斜的角度和长度均与定子绕组端部出线相吻合,部件 2 下部斜线的末端有一小段直线,是用来搭接部件 3 的。部件 2 与其他两个部件均通过粘接工艺连接在一起。部件 1 与部件 2 均使用具备一定抗压强度、抗冲击变形、耐高温的绝缘材料。部件 3 是将定子绕组固定在定子铁芯槽内的楔下垫条,参看图 10-3 (c) 中所示的槽楔位置处的结构,定子绕组嵌放到定子槽内后,必须用槽楔与楔下垫条将绕组压紧在槽内,槽楔与楔下垫条的长度与铁芯的长度一致,这里,本章发明创造将原来的楔下垫条断开成两部分,取每一部分,将其延长并伸出铁芯端部一小段,作为

图 10-10 中所示的部件 3，将其伸出部分与部件 2 粘接在一起，然后再根据原来的定子装配工艺流程，将部件 3 压进定子铁芯槽里，压的过程中尽可能将部件 2 紧靠定子铁芯端部表面，然后从一端将定子槽楔打进槽内，使槽楔牢固地将部件 3、定子绕组等固定在槽里，部件 3 的数量与定子铁芯槽的数量一致，部件 1、2、3 按照上述过程装配完成后，则定子铁芯、定子铁芯密封套筒壁、定子绕组与本章发明创造所设计的定子密封腔体壁（即图 10-10）就连接成一个整体了，但此时的这种连接整体性不强，最后再经过定子制造工艺流程中的真空压力浸漆处理，能够增强这种整体性，同时也能够将部件 2 与定子铁芯端部表面间的空隙用绝缘漆封上，达到了密封的效果。定子整体真空压力浸漆处理后，再与图 10-8 所示的定子密封腔体侧壁相连接，进而构造出新型的定子密封腔体，如图 10-6 所示。

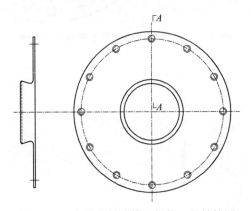

图 10-11　定子密封腔体壁部件 1 的结构图

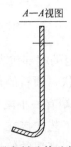

图 10-12　定子密封腔体壁部件 1 的剖视图

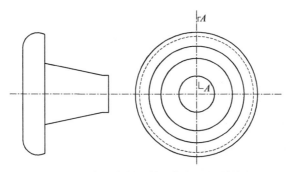

图 10-13　定子密封腔体壁部件 2 的结构图

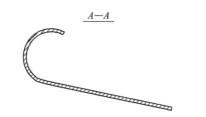

图 10-14　定子密封腔体壁部件 2 的剖视图

10.4　新型的定子端部密封结构的优势

本章的发明创造带来的有益效果主要体现在以下两个方面：

① 该新型的端部密封结构解决了浸泡式蒸发冷却定子端部的合理密封问题，这种合理性主要是指缩短端部定子绕组的出线长度以及去除不必要的端部密封空间，大幅度降低定子密封腔体的容积，使蒸发冷却介质液体分布趋于均匀。本发明针对 10.3.3 中的 1120kW 10kV 蒸发冷却隔爆型电动机工程实例测算出，该新型定子密封腔体的容积是原来的 1/5，介质用量 100kg 左右，达到了以最小的蒸发冷却介质用量发挥最大的蒸发冷却功效的研究目的。从而为蒸发冷却技术应用到大型隔爆异步电动机上清除了障碍，创造出价格优势。

② 本发明提出的端部密封结构，还附带解决了定子绕组端部固定问题，加强了原有的固定力度，进一步防止了定子绕组松动脱落现象的发生。

本章小结

本章提供的发明创造的创新之处在于：

① 定子端部的密封结构。

② 缩短端部定子绕组出线的设计。

③ 定子端部密封结构与定子密封腔体上部的连接设计。

④ 定子密封腔体结构与定子槽固定在一起的设计。

⑤ 定子密封腔体的制造过程设计。

参考文献

[1] 栾茹. 卧式蒸发冷却电机定子的绝缘与传热 [M]. 北京：科学出版社，2009.

[2] 栾茹，肖富凯. 蒸发冷却异步电动机定子的密封装置、冷凝装置及其制造方法：CN，102097907 B.

[3] 肖富凯，栾茹. 采用浸泡式蒸发冷却的电机：CN，201220093474．1.

第11章

蒸发冷却隔爆电动机的转子冷却结构

11.1 引言

前面章节所述的研究内容，均是围绕蒸发冷却技术原理在定子上的实现过程，即浸润式蒸发冷却定子需要将定子侧整体单独密封，主要解决的是发热最严重的定子冷却问题，剩下部分仍采用原来的风冷却方式，发热部件主要集中于旋转的转子。如果转子冷却解决不好，仍然会严重影响到电机的正常运行。所以，本章的发明创造提出一种基于定子蒸发冷却的隔爆电动机转子的风冷却结构，意在专门解决转子冷却。

包括隔爆电动机在内的三相异步电动机的转子是实现电磁感应、产生电磁转矩、将电能转换为机械能的重要部件。转子的发热通常分为两个阶段，首先是启动，此时转子的转速是零，则转子导体内产生最大的感应电动势及感应电流，转子铁芯也会产生明显的涡流，即电机实际上是处于短路状态，转子在此刻会产生较大的电阻损耗与铁芯损耗，以热的形式表现出来，但是这种状态仅仅是一瞬间，一旦转子旋转起来，其导体内的感应电动势及感应电流将迅速下降，相应的电阻损耗及铁芯损耗也会随之减小。然后是稳态运行阶段，转子转速基本上达到很高的额定转速，略小于磁场的旋转转速，仅仅有几转之差，此时转子导体内的感应电动势很小，感应电流在额定电流水平，则转子的电阻损耗为额定损耗，往往比定子损耗小一个数量级，转子铁芯的损耗则可以忽略不计。可见，转子的冷却，特别是启动阶段的冷却，是应该引起重视的主要问题。

　　现阶段使用的常规空冷结构隔爆电动机的转子，基本上采用的是简便易行的风冷却方式，与定子共用一个风系统，详见图 8-1。而这种风系统尽管已经使用百年以上，但是仍然没有彻底解决转子合理冷却问题。主要存在的问题是转子导条的断条，笼型异步电动机转子导体采用导条与端环配合的结构，现阶段的风冷却结构对转子端部的冷却存在局部盲区，致使端部的端环与导条结合处在启动一刻受到较大的热应力，若频繁启制动，就会发生导条从端环处断裂的故障。这是目前三相异步电动机经常发生的故障，一般使用半年左右的电机基本上都要出现断条现象，进而折射出现有的风冷却系统存在的弊端。本章发明创造针对这一现状，在定子采用蒸发冷却的基础上，对转子风冷却结构重新设计。

11.2　现有蒸发冷却电机转子冷却结构的弊端

　　目前已经制造成功并正在运行的蒸发冷却汽轮发电机与隔爆电动机一样，同属于卧式电机，它们的转子结构也颇为相似。这些蒸发冷却机组定子侧采用的是浸润式蒸发冷却技术，使用的是如图 3-1 所示的定子密封结构，将定、转子完全隔开，而转子仍采用风冷却结构，因为对于汽轮发电机而言，由于无需采用防爆密封结构，可以在转子轴承与机壳之间开出一定的风道空间，将机壳外的风引入电机内，专门冷却转子。但是，这样的结构却不能应用在隔爆电动机上，前已述及，隔爆电动机的机壳是全封闭型，密封等级在各类防爆电动机中最高，不可能在机壳上开出任何空间，蒸发冷却的隔爆电动机还要将定子彻底单独再密封，如图 10-6 所示，如此一来，将原来常规隔爆电动机转子的风冷路径完全堵死了，则转子无法实施风冷却方式，只能用常规的水冷方式。水冷基本上是在转子导体内部开孔，将转子做成空心结构，再配以十分复杂的水处理系统与循环系统，详见相关的技术文献，在此不再展开介绍。

　　尽管转子水冷技术是一种比较成熟的、用于大型电机的常规冷却技术，主要是解决高功率密度、高损耗的转子冷却问题，由于其结构非常复杂，是所有冷却方式中最复杂的一种，加工难度大，一般不会轻易使用，而且还存在着渗漏的隐患，如果发生水从转子空心导体渗漏而出的现象，则漏出的水将对电机内的绝缘体系构成很大的威胁，严重情况下会发生短路等重大事故。

11.3　基于定子蒸发冷却的转子冷却结构

为了配合第 10 章的蒸发冷却定子内置式冷凝结构，本章发明创造提供了一种借助于定子侧蒸发冷却的转子风冷却结构，详见图 11-1。

11.3.1　原理与结构

从图 11-1 可见，定子侧做成密封式结构，其内充满蒸发冷却介质，电机运行时，该密封结构内的整体温度将不超过蒸发冷却介质的沸点温度，现在按 70℃来考虑，只要介质保持沸腾状态，则定子密封套筒的壁温可以保持相对恒定的、不超过沸点温度的状态。定子套筒与转子是同轴的，结合转子铁芯的槽与齿结构，转子此时可以看作是表面具有凸起的高速旋转的发热圆柱体，而定子套筒是固定不动的，套筒的内壁在加工制造时由于拔模需要而形成锥度很小的圆台面，这个锥度一般不超过 5°，从而定转子之间形成一种不同于以往任何电机的楔形气隙。科研人员专门研究了这种特定楔形气隙中的空气流动规律，通过运用理论数值计算与试验模型测试两种合理的研究方式，得到的结论是能够利用这种新发现的空气流动规律来改进转子的冷却效果。

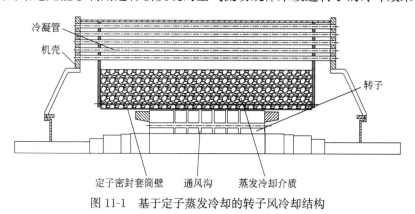

图 11-1　基于定子蒸发冷却的转子风冷却结构

本章发明创造对定子套筒与转子之间的楔形气隙的研究过程描述如下：首先，利用计算流体力学软件，对具有轴对称特征的楔形气隙采用准三维模式建立空气流体场的求解区域，包括建模、赋边界条件、选择求解器、数值迭代与收敛等步骤，得到了该求解区域的大量计算结果。然后搭建了一套简易的试验装置，模拟定子套筒与旋转并发热的转子，经过测试得到相应的、大量的试验数据，一方面验证了前面的数值计算结果，另一方面提供了寻找这种楔形气隙的空气流动规律的途径。通过整理分析这些结果，总结出以下的结论：

① 该特定楔形气隙内的旋转流对自然对流有抑制作用。电机运行时，转子处于高速旋转状态，促使楔形气隙内的空气形成旋转流体。当给定这种楔形气隙的尺寸时，若套筒与转子表面间存在温差（实际情况就是如此），例如 $T_i < T_o$。（T_i 表示套筒壁面温度，T_o 表示转子表面温度），楔形气隙内的流体质点将在浮力作用之下产生相对运动 $\boldsymbol{V}_r$，沿径向流向转子表面，这就是自然对流现象。根据流体运动学理论，当旋转流体区域出现速度为 $\boldsymbol{V}_r$ 的径向相对运动时，则运动流体质点将受到科氏力 $F_c = |-2m\boldsymbol{\Omega} \times \boldsymbol{V}_r|$ 的作用，方向与套筒旋转方向相反，从而有与旋转方向相反的相对切向速度，而它的存在使得流体质点受到与径向速度方向相反的科氏力作用，因此科氏力的出现阻止流体质点朝转子表面的相对运动。转速越大，这种阻止作用越明显。

② 在一定的转子功率密度及转速的范围内，楔形气隙内能够维持较大的轴向风量。由于楔形气隙内的旋转流对自然对流有较强的抑制作用，使得空气流动只能按轴向流动。对这种状况下的流动与传热，应该建立准确的三维求解区域。通过大量细致的数值计算与模拟试验，得到了各种转子发热密度（也称功率密度）下，楔形气隙内的流体通过进口、出口带出的热量和定子套筒壁吸收的热量与转速之间的关系，基本规律是：a. 随着转速的增大，不论转子的发热量为多少，楔形气隙中的空气总体流向都是自小口流向大口，流量是沿程递增的。b. 定子侧浸润式蒸发冷却温度分布明显低于转子表面温度，定子套筒具有吸收转子热量的较大潜力。c. 在一定的转子功率密度与转速范围内，楔形气隙进、出口导出的热量与定子套筒壁吸收的热量之和，大于等于转子表面的发热量，但是当转子的发热量增大到 $3000\text{W}/\text{m}^2$，转子转速达到 3000r/min 时，进、出口空气流体带走的热量仅占总热量的 26.3%，定子密封套筒带走的热量占总热量的 40.2%，说明两者叠加不足以冷却转子的高发热，需要其他的辅助散热结构，比如轴流式风扇等。d. 楔形气隙进、出口导出的热量与定子套筒壁吸收的热量之和随着转子功率密度与转速的变化，存在一个峰值区域，当转子功率密度达到 $1000 \sim 2000\text{W}/\text{m}^2$ 时，转速达到 3000r/min 时，两者的散热之和达到顶峰，等于转子发热，能够有效地冷却转子，而超过这个范围则散热量明显减弱。

综上所述，基于定子蒸发冷却的定、转子之间的气隙，不同于现有普通电机的均匀气隙，是一种楔形气隙，充分利用这种气隙在电机运行时产生较大的轴向风量，取消转子风扇。因此本章发明创造设计的转子冷却结构是，根据电机设计结果，当转子侧的功率密度不超过 2000W/m² 时，取消转子原来的轴流式风扇，依靠转子铁芯的齿槽及通风沟旋转时产生的风压，与位于电机上部的冷凝管相配合，可以带走大部分热量，同时蒸发冷却定子套筒还能够吸收一定的热量，两者配合完全可以承担起转子的冷却。这里，转子的通风沟与现有的三相异步电动机风冷却结构的通风沟略有不同，原来的通风沟均取一种尺寸规格，本发明中的去掉转子轴流式风扇的通风沟，将采取变尺寸的结构，具体每个通风沟取多大，应视具体电机的损耗分布而定。当转子侧的功率密度超过 2000W/m² 时，需要安装转子风扇，增强散热力度。

11.3.2　具体实施方式

本章发明创造的核心是提供一种隔爆电动机转子风冷却结构，该风冷却结构能够利用电机自身结构，提高转子冷却温度的均匀性，并且结构简单。为了更好地理解，下面结合各种图示对本章发明创造做进一步的详细说明。

图 11-2 为本章发明创造所提供的电动机机壳全封闭转子风冷却结构一种具体实施方式的示意图。蒸发冷却定子 24 和转子 27 之间形成的气隙为楔形气隙 28，楔形气隙 28 的小端口位于转子 27 的低温侧，大端口位于转子 27 的高温侧。当电动机运行时，定子 24 固定不动，转子 27 高速旋转，从而在楔形气隙 28 内形成旋转流。这种旋转流对部件之间的自然对流有一定的抑制作用，具体地，当楔形气隙 28 的旋转流区域中出现流体质点的径向相对运动时，运动的流体质点将受到科氏力的作用，科氏力的作用方向与转子的旋转方向相反，从而使流体质点产生与旋转方向相反的切向速度。因此，可以实现对自然对流的限制，提高冷却效率和冷却温度的均匀性。楔形气隙 28 中空气的流动方向是由小端口流向大端口，将楔形气隙 28 的小端口设置在转子 27 的低温侧，大端口设置在转子 27 的高温侧，能够充分发挥楔形气隙 28 风冷却的作用。采用上述风冷却结构，不需要增加散热部件，便可以提高转子 27 的冷却效率，并且结构简单。

具体结构实现上，包括套装于上述定子 24 和上述转子 27 之间的套筒 26，套筒 26 的两端分别连接有两个圆环状侧壁 22；侧壁 22 的内缘与套筒 26 的端部连接，外缘与机壳 21 连接，两个侧壁 22 与套筒 26 和机壳 21 构成将定子 24 单独密封的密封腔，密封腔内设置冷却介质 25，冷却介质 25 的上方设置有冷凝管 23，冷凝管 23 穿过两个侧壁 22 插装于机壳 21 内，冷凝管 23 与侧壁 22 的连接处采用密封连接，根据冷凝管 23 和侧壁 22 的材质可以选择焊接或者其他的密封方式，冷凝管 23 的进口和出口位于机壳 21 外，套筒 26 的内周表面的直径为渐缩变化，转子 27 的转子铁芯外周表面设置为等径。

对定子 24 采用蒸发冷却的冷却方式能有效解决定子 24 散热不均的问题，并且上述结构中冷凝管 23 穿过两个侧壁 22 插装在机壳 21 内，这样蒸发冷却的冷凝过程在机壳 21 内进行，冷凝管 23 内的冷凝介质的热量交换也有利于转子的冷却。由于定子 24 的密封体只利用了机壳 21 的部分空间，在机壳 21 的两侧仍存在可供转子 27 进行风冷却的空间。因此，可以采用本章发明创造所提供的风冷却结构对转子 27 进行冷却。具体地，将套筒 26 的内周表面的直径设置为渐缩变化，转子 27 的转子铁芯的外周表面设置为等径，这样就在定子 24 和转子 27 之间形成了楔形气隙 28，楔形气隙 28 的小端口位于冷凝管 23 的进口端，大端口位于冷凝管 23 的出口端，也即转子 27 的低温侧为冷凝管 23 的进口端，转子 27 的高温侧为冷凝管 23 的出口端。将定子 24 的蒸发冷却与转子 27 的风冷却结合，能有效提高电动机的整体散热效率。只要冷却介质 25 保持沸腾状态，则套筒 26 的壁温可以保持相对恒定的、不超过沸点温度的状态，其温度明显低于转子 27 的温度。经过理论计算和试验测试可得出以下结论，楔形气隙 28 的大端口和小端口导出的热量与定子 24 内套装的套筒 26 内周表面吸收的热量之和随着转子 27 功率密度与转速的变化，存在一个峰值区域，当转子功率密度达到 $1000 \sim 2000 W/m^2$ 时，转速达到 3000r/min 时，两者的散热之和达到顶峰，可以理解为，尽管转子 27 高速旋转发热，但其本身就能够有效地进行自我冷却，此时，可以省去转子风扇。在这种结构中，定子 24 采用蒸发冷却，转子 27 则采用本章发明创造所提供的风冷却结构，能够简化现有技术中转子冷却结构，同时降低了机械损耗，减少发热量，省去转子风扇还减小了隔爆电动机运行时产生的噪声。

对于特定使用工况，比如，当转子功率密度增大到 $3000W/m^2$，转子 27 转速达到 3000r/min 时，进、出口空气流体带走的热量仅占总热量的 26.3%，套筒 26 带走的热量占总热量的 40.2%，说明两者叠加不足以冷却转子 27 的高发热，则需要其他的辅助散热结构，比如轴流式风扇等，增强散热力度。此时，由于楔形气隙 28 可以带有一定的热量，可以降低风扇的使用功率。

当定子 24 和转子 27 之间设置有套筒 26 时，还可以将转子 27 的转子铁芯外周表面设置为具有一定斜度、渐缩变化的不等径结构，只要能够形成楔形气隙 28 的结构即可。

进一步地，上述具体实施方式中所示的渐缩变化的斜度不超过 5°。即楔形气隙 28 的倾斜度要在一定的合理范围内，超过 5°影响磁场的合理分布，会影响隔爆电动机的正常工作，在不超过 5°的范围内，保证电动机的正常工作并且达到风冷却的目的。在图 11-2 所示的实施方式中，套筒 26 的内周表面在加工制造时，由于拔模的需要会形成圆台面，进而可以在套筒 26 的内周表面与转子 27 的外周表面之间形成楔形气隙 28，不需要特殊加工，进一步简化了加工工艺，改善电机转子冷却效果。

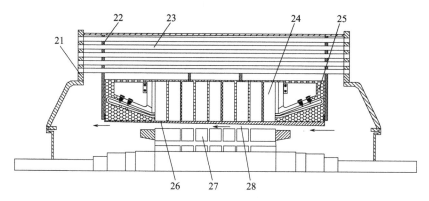

图 11-2　机壳全封闭的转子风冷却结构示意图

本章发明创造还提供了转子侧结构上的改进，详见图 11-3 和图 11-4，图 11-4 为图 11-3 中 A 部位的剖视图。如图 11-3 中所示，沿转子 6 的转子铁芯周向设置有若干组径向通风沟 62，每组径向通风沟 62 沿转子铁芯轴向方向依次设置，每组径向通风沟 62 之间通过轴向通风沟 61 贯通。在转子 6 的转子铁芯设置径向通风沟 62 能够增加转子铁芯散热面积，提高散热效率，不仅如此，转子铁芯的轴向和径向都设置通风沟，使转子 6 的散热面积更均匀合理。进一步地，如图 11-3 中所示，位于转子 6 高温侧的径向通风沟 62 通流截面积大于位于转子 6 低温侧的径向通风沟 62 通流截面积。将转子 6 的径向通风沟 62 设置为不同的尺寸，具体位于不同位置的径向通风沟 62 采用的尺寸根据电动机的损耗分布、散热需要进行选择，从而充分发挥转子散热冷却的效果。位于转子 6 高温侧的径向通风沟 62 可以采用较宽的通流截面积，位于转子 6 低温侧的径向通风沟 62 可以采用相对较窄的通流截面积。在实际的生产加工中，径向通风沟 62 之间存在的尺寸差还与隔爆电动机的功率大小和应用领域等因素有关。根据实践经验，在大功率电动机中，径向通风沟 62 可以取 10mm，在功率相对较小的电动机中，径向通风沟 62 的取值范围可以为 5～10mm。径向通风沟 62 采用的具体形状结构可以设置为楔形，利用楔形空气流动特点改善散热效果，也可以设置为其他形式。进一步地，轴向通风沟 61 采用不等宽设置，位于转子 6 高温侧的端面宽于位于转子 6 低温侧的端面。

即轴向通风沟 61 可以设置为楔形，楔形的小端口位于转子 6 的低温侧，大端口位于转子 6 的高温侧。轴向通风沟 61 的设置方式，利用楔形空间空气流动特点有助于提高转子 6 的散热效果。

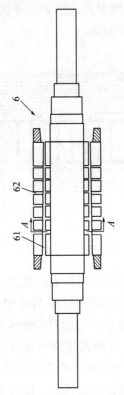

图 11-3　转子侧结构上的改进示意图

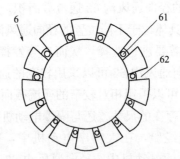

图 11-4　图 11-3 的 A 部位的剖视图

需要指出的是，在定子采用蒸发冷却而转子采用风冷却的情况下，由于套筒可以吸收一部分的热量，散热效果能得到一定改善，轴向通风沟 61 的截面宽度可以取相对较小的值。具体轴向通风沟 61 的截面积取值范围还与隔爆电动机的型号和适用领域有关，应根据实际需要进行确定。

11.4　新型转子风冷却结构的优势

本章发明创造是与隔爆电动机定子蒸发冷却中的内置式冷凝结构配套使用的结构技术。去掉了转子风扇，重新布置转子铁芯的通风沟，只要定子是蒸发冷却，转子也可以借助这种高效冷却带走较多的热量。本章发明创造的优势主要体现为：

① 与常规的三相异步电动机转子风冷却结构比较，本章发明创造由于借助了定子的蒸发冷却结构，可以多一种散热渠道，而且该渠道的散热效率较高，则这种转子风冷却结构实际上是风冷与间接式蒸发冷却两种结构的集成，共同发挥冷却作用。

② 与常规的隔爆电动机转子风冷却结构比较，本章发明创造取消了噪声巨大的强力风扇，这在很大程度上，减小了电机的机械损耗，减轻了转子的发热程度，进一步促进了转子冷却的效果。最明显的优势是彻底去掉了较大的风扇噪声。

③ 与蒸发冷却电机的水冷转子比较，本发明仍沿用转子风冷却的结构，可以提高电机运行的可靠性，简化制造工艺。

本章小结

本章提供的发明创造的创新之处在于：

① 基于定子蒸发冷却转子风冷却的功率密度范围。

② 取消转子风扇的结构。

③ 转子铁芯采用变通风沟的结构。

参考文献

[1] 陈世坤. 电机设计 [M]. 北京：机械工业出版社，1989.

[2] 傅丰礼. 异步电动机设计手册 [M]. 北京：机械工业出版社，2007.

[3] 清华大学教研室. 高电压绝缘 [M]. 北京：水利电力出版社，1986.

[4] 阎洪峰. 卧式蒸发冷却电机楔形气隙内流体流动和传热问题的研究 [D]. 北京：中科院电工研究所，2003.

[5] 肖富凯，栾茹. 一种电动机风冷却结构及一种卧式电动机：CN，102025222 B.

第12章

蒸发冷却隔爆电动机的优化设计

12.1 引言

隔爆电动机是一种工业生产中常用的设备，电机的设计理论已经十分成熟。主要体现在电机的电磁设计，由设计输入、设计计算与调整过程、设计输出等三个部分构成。对于设计输入，不同类型的电机有所不同，这里指的是所有类型电机需要的基本数据，包括：额定功率、额定电压、额定频率、磁极数或者磁极的同步转速、额定功率因数、额定效率、最大转矩倍数、启动转矩倍数、启动电流倍数、绝缘等级等。确定设计输入时，主要根据用户的要求或订单、标准规定（这里的标准是指国家标准、国际标准、国外先进国家标准、行业标准，规定是指电机设计与制造企业的技术规范）、电机产品的期望成本等，综合起来考虑，设计计算与调整是采用电机的等值电路进行绕组计算、磁路计算、参数计算、损耗与效率计算、性能计算、发热与温度估算等，这个过程主要依靠各制造企业的电磁设计程序来完成，其计算结果即为设计输出，主要包括：① 电机的主要尺寸，如定转子铁芯、定子绕组与绝缘结构、转子导条与端环、转子轴、定转子间的气隙、定转子槽配合等；② 主要参数，如定转子间的气隙磁通密度，定转子的电磁负荷，实际的激磁电抗、激磁电流，实际的功率因数、效率、启动参数等；③ 发热与冷却，冷却方式，实际的损耗、定转子温度，风冷所需的风量等；④ 有效材料用量，如定、转子铁芯的用量，定子绕组铜线、绝缘材料的用量，转子导条、端环等的用量等。

电机的优化设计主要是运用新材料或者新工艺及必要的数学手段，得到最佳的电机设计方案，提高电机的性价比。现阶段，电机新材料、新工艺主要表现为新的绝缘材料、新的冷却结构或者冷却方式，这样可以在保证安全可靠性的前提下，提高电机的电压水平与输出容量，提高电机的电磁负荷与材料的利用率，降低制造成本与维护成本。比如，市场上最新推出的高导热少胶环氧粉云母带，即具备优良的绝缘性，又具备较高的传热性，是定子主绝缘的新材料，采用这种新材料可以提高电机的功率密度，缩小电机的整体体积与整体材料用量，备受电机制造企业的瞩目。优化设计时，主要考量以下六个方面：

① 力能特性，主要是：a. 电机的效率，即输出的机械功率与输入的电有功功率之比；b. 电机的功率因数，功率因数是衡量某用电设备使用效果的一项重要参数，其定义是交流电的有功功率与视在功率之比，功率因数越大，越节约电力资源，电能的利用率越高。

② 运行性能，主要包括：a. 启动性能，由以下三个启动因素组成，电机的启动转矩，因为电机都是带负载启动，所以需要具备一定的启动力矩；电机的启动电流，电机启动时转子还没转起来，此时电机呈瞬间短路状态，启动电流是最大的，需要在电机设计时对该电流值要加以限制，另外启动转矩与启动电流成正比，所以为了保证足够的启动力矩，还需要策略调整启动电流值；电机的启动时间，是指电机刚启动那一刻到稳态运行为止的整个过程经历的时间，与电机的惯性成反比、与电机的启动力矩成正比。b. 最大转矩，指电机产生的最大电磁转矩，表明了电机的带负载能力及超载能力。c. 转差率，指隔爆型异步电动机中旋转磁场的转速与转子的转速之差的相对值，是无量纲数，转差率越小，电机运行的稳定性越好，一般额定转差率在 0.01～0.001 范围左右。

③ 温升情况，要求电机运行时发热与冷却相平衡，损耗导致的热量被及时带出电机体外，总体温度分布均匀。温升主要指的是定子铁芯温升、定子绕组温升、转子绕组温升、轴承温升等。

④ 有效材料用量与安装尺寸，指制造电机需要的所有材料的投入，电机制成后的大小等。这与电机的成本有直接的关系，材料越省，电机的成本越低，越具备价格优势。

⑤ 安全可靠性，主要体现在：a. 电机的绝缘性能；b. 超速与超载能力；c. 对粉尘、水、异物等的防护能力；d. 对环境的适应能力，包括适应气候

环境、电气环境等；e. 使用期限与寿命等。电机的安全可靠性越高，维护成本越低。

⑥ 噪声与振动，电机运行时，由于铁芯励磁会产生合理的低噪声与振动，另外还存在由定转子装配时偏心或者不对称、风扇抽风、通风等引起的额外不合理的高噪声与振动等。这些都可以通过电机的优化设计进行一定程度的缓解。

上述六个方面，在进行优化设计时，往往相互牵制，即某一个参数如果调大了，可能电机的性能特性变好了，但是却引起温升或者运行性能变差了，所以，往往需要设计人员统筹规划，运用必要的数学手段，得到最合理的组合方案。另外，对于这六个方面，优化时不能面面俱到，要有所侧重，否则这六个方面可能都不是最优了，本章发明创造是针对电机在使用过程中所面临的主要问题与薄弱点来形成优化设计方案，所以，主要以出力特性、运行性能、温升情况、有效材料用量、安全可靠性等方面为主。

12.2　常规结构优化设计的弊端

包括隔爆电动机在内的现有异步电动机电磁设计程序，一般的电机制造企业都会自己开发或者委托其他单位开发，可以进行一定程度的优化设计，已经是很成熟的技术，易懂易学，使用很方便。这些程序的优化设计主要体现在，根据电压、容量的不同，类型不同等，其电流密度、磁通密度取值不一样。低电压的中小型电机，如额定工作电压 600V（伏）以下，需要的绝缘水平很低，电机的定子不需要包主绝缘，定子电流密度设计得大一些，最大可以取到 6.5A（安培）$/mm^2$（平方毫米）。高电压、大功率的大型异步电动机，如作为本书研究例子的大型隔爆式异步电动机，需要的绝缘水平高，根据具体的电压等级，定子绕组上必须包一定厚度的主绝缘层（注：转子是导条，电机运行时转子导条上承受的电压是很低的，不到 10V，所以，转子导条上不用任何绝缘材料），以保证足够的电气绝缘强度，这样定子电流密度必须要调小，一般不超过 2.5 A/mm^2，这是因为主绝缘材料既是电的绝缘体、又是热的不良导体，热导率很低，远低于空气的对流换热系数，大致在 0.25~0.4 W（瓦）$/$[m（米）·K]（国际温度单位：开），包了主绝缘层后，相当于给定子铜导体包了绝热材料。磁通密度关系到定子铁芯的发热（注：电机运行时转子是旋转的，转子铁芯损耗很小，可以忽略），磁通密度越大，铁芯的单位体积损耗越大，发热越严重，通风冷却的散热能力是很有限的，所以空冷电机的气隙磁通密度一般较低，大致在 $0.6 \sim 0.64T$（磁通密度单位：特斯拉）。一定保证通风冷却能够带走这样大的电流密度在主绝缘层里所产生的热量，以及这样大的磁通密度在铁芯中引起的损耗热量。如本章发明创造所涉及的一台具体的大型隔爆式异步电动机，现有的常规设计是，主绝缘层包 $3.5mm$，电流密度一般取 $2\ A/mm^2$，优化设计后，最小的主绝缘层包 $2.95mm$，相应的最大电流密度取为 $2.89A/mm^2$，磁通密度取 $0.61T$。为了确保空气通风冷却的可靠性，这个优化设计方案已经将材料利用率提高不少了。

但是目前，异步电动机大部分采用的是风冷却结构，浸泡式蒸发冷却异步电动机还没有大规模出现，实现市场化，所以现有的电机电磁设计程序仅仅是针对风冷却的普通常规的异步电动机。对于利用蒸发冷却介质作为绝缘新材料的蒸发冷却隔爆电动机的电磁设计，现有的电磁设计程序中的一些主要参数需要较大修改后才能被使用，特别是定子绝缘结构的设计，需要很大的改进，以下加以说明。

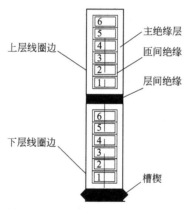

图 12-1 定子槽内绝缘结构示意图

图 12-1 为高压、大型隔爆电动机定子槽内的绝缘结构示意图，从中可以看出，每个定子槽内放置两个定子线圈边，分上下两层，中间以层间绝缘隔开，用槽楔将两个线圈边牢固地压进槽内进行可靠固定，每个线圈是由绕组构成的，单个铜线（又称为电磁线）从下至上按第 1、2、3…匝次序排列绕制而成，各匝间由匝间绝缘隔开，然后在绕好的绕组上再包一层主绝缘，其中主绝缘层在电机运行过程中承担主要的电气绝缘强度。前已提到，现有电机由于采用空气冷却，即便是优化设计后，其主绝缘层较厚，则定子电流密度必须很低，导致电机还是使用了较多的铜线、绝缘材料、铁芯材料等。而浸

泡式蒸发冷却定子，因所用的蒸发冷却介质较高的绝缘性能，为定子绕组提供了一个不同于其他冷却方式的气、液两相绝缘环境，充满在端部及槽间的工艺间隙内，改善了电场分布不均匀情况及局部放电产生的条件，提高了电晕起始电压，降低游离强度，再与绕组的固体绝缘材料配合就构成了蒸发冷却环境下的气、液、固三相的绝缘系统，这就为进一步减薄空冷常规电机优化设计后、已经较薄的主绝缘层厚度提供了充要条件。但是现有的电机优化设计程序与方法都没有利用蒸发冷却环境下的气、液、固三相绝缘系统，进而实质上没有实现最优化的隔爆电动机。本章发明创造为此提供了新的优化设计隔爆电动机方法。

12.3　基于蒸发冷却介质的优化原理

浸泡式蒸发冷却利用液体介质沸腾蒸发时所能吸收的热量要比"比热容"大得多的物理现象，冷却能力强，大约是空气通风冷却的十几倍，而且温度分布十分均匀，避免出现局部过热点。对此，以往的蒸发冷却技术只注重于其冷却能力本身，而忽略了如何充分利用蒸发冷却的这些功效。根据传热学，电机的冷却方式决定了电机的热负荷大小，而电机的热负荷大小又决定了电机定转子绕组的电流密度、电机定转子之间的气隙磁通密度必须控制在相应的范围以内，进而控制电机的最高温升在合理的范围以内。按照国家标准，使用 B 级绝缘材料，电机的最高温度不能超过 130℃；使用 F 级绝缘材料，电机的最高温度不能超过 155℃；使用 H 级绝缘材料，电机的最高温度不能超过 180℃。耐热等级越高，绝缘材料的价格越贵。以往的异步电动机基本上采用空气冷却，电流密度按常规来取是合理的，现在，对于冷却效果很高的蒸发冷却而言，如果还沿用常规的电流密度，显然就大大浪费了蒸发冷却效果。本书就此专门展开了浸泡式蒸发冷却定子绕组传热试验的研究，见第 7 章的内容，利用该研究成果，本发明可以将浸泡式蒸发冷却下的定子电流密度、气隙磁通密度，按不同电压等级、功率密度等，给予不同程度的增大。

蒸发冷却介质是优良的液体绝缘材料，击穿电压略高于变压器油，兼备低沸点、不燃、不爆等性质，试验证明液态或气液两相态的冷却介质击穿后，只要稍降低一点电压，就可以自行恢复绝缘性能，再击穿的电压值并无明显下降，除非在连续数十次击穿后，引起大量炭化，击穿电压值才逐渐降低，因此蒸发冷却介质能够承担较大的绝缘强度，优化电场分布。常规电机的定子铜导体包主绝缘的厚度，需要综合电机的额定电压等级、运行工况、使用条件、绝缘规范与工艺等诸多方面来确定，其中起决定性作用的是电压等级，按照各电压等级，电机制造厂制定出相应的定子主绝缘厚度的企业生产标准，当然这种标准基于空气冷却，定子没有泡在绝缘介质里。前已述及，定子主绝缘层越厚，发热的铜导体散热越差，内外的温度梯度越大，越不利于电机的长期稳定可靠运行。目前浸泡式蒸发冷却卧式电机，尽管定子泡在了绝缘介质里，但是主绝缘的厚度没有显著减小，仍沿用空气冷却下的绝缘厚度，本书对此专门展开了浸泡式蒸发冷却定子主绝缘局部放电试验的研究，见第 6 章的内容，从中总结出浸泡在绝缘的蒸发冷却介质中的定子，针对不同的电压等级，需要包的主绝缘厚度，试验研究的成果表明，在指定的蒸发冷却介质中，定子包主绝缘的厚度可以显著减小，减下的那部分绝缘厚度由蒸发冷却介质本身的绝缘来代替。主绝缘减薄一方面节约了昂贵的绝缘材料，更主要的是可以进一步提高电流密度，与前面的传热试验相辅相成，主绝缘厚度越薄，电流密度的值越可以取大。

本章发明创造在上述两个重要的试验研究基础上，仍沿用常规的异步电动机电磁设计程序，增大或者调整其中的主要参数，提供出新的蒸发冷却隔爆电动机优化设计方案及优化设计后的新型电机，同时指出本优化方案的适用范围。

12.4　基于蒸发冷却介质优化设计的完整技术方案

本章发明创造在优化设计中，选用的蒸发冷却介质具备优质的绝缘性能与传热性能，耐压等级高，汽化潜热大，是目前所接触的蒸发冷却介质种类中，性能最好的一种。当前高电压、大输出功率的防爆电动机具有较大的市场，广泛应用在矿山机械、化工原料制造、冶炼、大型建筑领域等，技术含量在异步电动机种类中最高，每年的需求量最大，利润空间巨大，本章发明创造以这种电机为具体的优化设计对象。据此，详细阐述本发明的内容。

12.4.1　基于蒸发冷却介质优化设计的过程

首先，根据前面章节的局部放电试验研究成果，对于浸泡在蒸发冷却介质里的高电压定子而言，主绝缘厚度可以减薄到常规设计厚度的接近一半。根据前面提到的传热试验研究成果，以及电机的输出功率、定子主绝缘减薄之后的厚度，定子电流密度取常规设计电流密度的 2 倍以上值。据此，进行以下优化设计的过程。

① 根据电流密度确定气隙磁通密度与定子绕组的匝数。本发明利用常规的电磁设计程序对定子铜损耗、铁芯损耗、功率因数等计算数据进行协调，根据增大后的电流密度确定将每个定子绕组的常规匝数减小1匝，气隙磁通密度比常规的气隙磁通密度稍有增加。

② 确定定子电磁线的线规与定子槽的尺寸。常规定子槽形图见图12-2。由于①中每个定子绕组的匝数减小了1，即每个定子线圈减少了1匝，见图12-1，则每个定子槽内的导体数减少2个，导致功率因数可能下降，对此应该增加定、转子的槽宽加以调节，定子的槽高应尽量小，可以降低槽内附加涡流损耗，还利于铁芯轭部的磁通分布。按照电压、输出功率、效率、功率因数等，估算出电机定子电流，再按照电流密度，计算出定子铜导体的截面积，再根据这个截面积查电机材料手册中的电磁线线规，电磁线由铜导体及其外表面的绝缘层组成，如图12-3所示，绝缘层很薄，为0.1～0.3mm之间，在电机定子绝缘结构中，见图12-1，用电磁线的绝缘层做匝间绝缘。一般一个铜导体截面积对应若干种电磁线线规，大型电机采用矩形铜导体，线规的规格按照高×宽排列，本章发明创造选择时，尽量选最宽的线规，这样可以增加定子槽宽，同时线规的高就自然减小了，进而减小定子槽的高。定子主绝缘是在定子绕组按一定匝数绕成后再包的绝缘层，所以，当主绝缘厚度减薄近一半后，则定子槽的高度必随之减小，定子槽内的计算过程是

图12-2　常规电机定子槽形图

线圈宽＝B（见图12-3）＋匝间绝缘厚度＋主绝缘厚度

线圈高＝A（见图12-3）×层数＋匝间绝缘厚度＋主绝缘厚度

槽宽＝线圈宽＋槽宽公差＋装配间隙＋下线替纸

槽高＝2×线圈高＋槽高公差＋装配间隙＋槽口到槽底垫的距离＋垫条总厚度

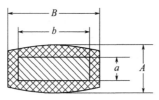

图 12-3　电机电磁线示意图
A—电磁线的高；B—电磁线的宽

最后本发明设计的定子槽的槽宽比常规设计增加了 30%，槽高减小了 48.5%，见图 12-4 所示的优化设计之后的定子槽形。

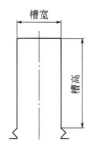

图 12-4　优化设计后电机定子槽形图

③ 定转子铁芯尺寸与气隙的确定。根据①、②中确定的定子绕组匝数、气隙磁通密度大小及定子槽尺寸，其中气隙磁通密度＝每个磁极的磁通/定子铁芯的内表面积，接下来确定定子铁芯的主要尺寸。铁芯是主要的磁路，其内分布着磁通，定子铁芯齿部位于铁芯的内表面的两个槽之间，是磁通密度最大之处，定子铁芯轭部位于槽的底部到外表面之间的部分，是各极磁通汇集的地方，这两部分的磁通密度要合理设计，否则严重影响到电机的运行状况，确定好这两部分磁通密度，也就确定下了铁芯的内外径。经过笔者运用常规的电磁设计程序进行优化组合、设计，确定的定子铁芯外径比常规优化设计的定子铁芯减小了 24.5%，铁芯内径减小了 21.5%，见图 12-5。

定转子之间气隙没变，仍沿用常规的尺寸。

图 12-6 所示的转子铁芯，根据定子铁芯尺寸、气隙，确定转子铁芯的外径，比常规电机减小了 21.5%，为了保证电机转轴不变，转子铁芯的内径不变。转子槽的尺寸，本章发明创造主要根据转子槽内的转子导条上的铜损耗及输出的力矩来定，导条是铜导体做的，是转子电流的载体，用来产生并输出力矩，与转子槽的形状一致，因为转子仍采用空气冷却方式，所以应适当增大转子导条的截面积，降低铜损耗，减小其发热量，另外转子导条容易断

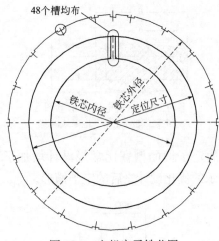

图 12-5　电机定子铁芯图

裂，也可以增加导条截面积以增大其抵抗变形的强度。本章发明创造将导条及转子槽的截面积比常规设计增大了 8.8％，相应的转子损耗比常规优化设计减小了 26％。再增加就会导致铜材料增加过多以及启动转矩下降，性价比不合适。

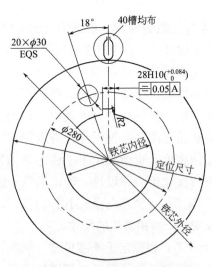

图 12-6　电机转子铁芯图

经过①、②、③所述的优化过程，电机整体尺寸明显减小，经过计算体积减小了 44.8％，制造材料用量明显减小，本章发明创造最终设计的隔爆式大型异步电动机，材料比常规电机减少了 20％以上，启动转矩与最大转矩提高了 1.1%，效率提高了 7%。

12.4.2　基于蒸发冷却介质优化设计的适用范围

　　本章所提供发明创造尽管可以优化设计隔爆电动机，但是有其适用范围，首先电机的电压等级适中，不超过 10kV，电流不超过 1kA，其次，电机不承担冲击电压频繁的工作。除了隔爆电动机，在这个范围的所有其他卧式蒸发冷却电机都可以采用本章发明创造来设计制造。

12.5　基于蒸发冷却介质优化设计的优势

　　经过本章发明创造设计出来的电机，将能够实现以下的优势：
　　① 节省铜、铁芯、绕组主绝缘、机壳铸铁等所有用材。
　　② 减小了电机的体积，减轻了重量。
　　③ 提高电机的效率达 7 个百分点。
　　④ 提高了电机的启动转矩与超载能力。

本章小结

　　本章提供的发明创造的创新之处在于：
　　① 浸泡式蒸发冷却定子减薄定子的主绝缘厚度。
　　② 浸泡式蒸发冷却定子适当增加定子的电流密度与磁通密度。
　　③ 定子匝数与线规的优化设计过程。
　　④ 定子铁芯及定子槽的优化设计过程。
　　⑤ 转子铁芯及转子槽的优化设计过程。

参考文献

[1] 陈世坤. 电机设计 [M]. 北京：机械工业出版社，1989.
[2] 傅丰礼. 异步电动机设计手册 [M]. 北京：机械工业出版社，2007.
[3] 清华大学教研室. 高电压绝缘 [M]. 北京：水利电力出版社，1986.
[4] 栾茹. 一种新型隔爆型电动机的结构 [J]. 防爆电机，2011 (164)：32-34.

第13章

蒸发冷却隔爆电动机密封腔体内灌液面的控制

13.1 引言

通过前面章节的内容可见，实施浸泡式蒸发冷却技术时，需要将被冷却的器件密封起来，形成蒸发冷却密封腔体，里面灌入足量的液态蒸发冷却介质，该液面应该没过被冷却的器件，如定子。由于密封腔体内需要留出一定的蒸发空间，以保证在蒸发冷却工作期间腔体内的压力为常压，另外蒸发冷却介质目前的市场售价很高，所以，灌入密封腔体内的液态蒸发冷却介质并不是越多越好，应该控制在一个合理的液位上。蒸发冷却密封腔体，具备很严格的密封性，如何控制好里面的蒸发冷却介质的液面就显得很棘手。

蒸发冷却介质是一种常温下为液态、密度大、无色、无味的绝缘材料，利用这些特点本章发明创造将提供一种控制其灌液面的新方法。

13.2 密封腔体内灌液面控制的技术背景

第 3 章的图 3-1 表示的是已制成并投入使用的 50MW 卧式电动机浸泡式蒸发冷却定子的情况，蒸发冷却介质液体灌入定子密封腔体，类似于在密闭容器内充入某种液体。根据流体静力学理论，对于平衡流体来说，因为流体质点与质点之间或流体质点与容器之间都没有相对运动，在平衡流体内部不存在切向摩擦力，因而作用在平衡流体上的表面力只有沿受压表面内法线方向的流体静压力，密闭容器内液态平衡流体作用在壁面上的力就是流体静压力。流体静压力的大小、方向、作用点与受压面的形状及受压面上的流体静压强的分布有关，只要有流体经过的壁面就会受到流体的静压力作用。蒸发冷却液态介质灌入密封腔体后，液体所处位置的腔体壁面必然承受蒸发冷却介质液体的静压力，依据该静压力，本章发明创造利用一种压力敏感材料，以及与之相配套的控制电路，准确捕捉住灌液面位置，进而控制住蒸发冷却介质灌入的液面高低及灌入量。

本章发明创造采用一种压力敏感材料来感知蒸发冷却介质流体静压力的存在与消失，不仅如此，还需要将这个流体静压力的情况转变为电信号传送到蒸发冷却密封腔体的外部，通过控制某些声、光器件来通知灌液人员蒸发冷却介质灌入密封腔体里的位置，进而构造出一种方便控制蒸发冷却密封腔体内灌液面的控制系统。

13.3　现有的密封腔体内灌液面控制方法的弊端

测量密封腔体内灌液面压力的通常方法是采用各种压力传感器，主要是用来测量流体的压力或者压强，而现有的蒸发冷却技术，主要是采用视察窗结构来观察蒸发冷却介质灌入液面的高度。这些方法存在的弊端是：

① 现有的压力传感器适合于感测不带电操作的流体的压力或者压强，而对于本章所述的情况，由于蒸发冷却介质液体浸泡高电压定子线圈，且处于密封腔体内，一旦传感器脱落，容易造成定子线圈对传感器放电等恶性事故，则这种测量方法来控制灌液面是不合适的，而且没有必要测量蒸发冷却介质液体的压力。另外，现有的压电式压力传感器，只适合于测量开放式流体的压力和压强，不适用于密封腔体内的流体感知或者测量。

② 现有的蒸发冷却技术的局限性在于，用视察窗结构来控制灌液面，适合于一般的卧式电动机及大功率器件，但是对于隔爆式电动机，要求隔爆机壳是完整的，不能有任何开口，则视察窗结构不适合于隔爆型电动机。

13.4 蒸发冷却隔爆电动机密封腔体内灌液面控制的完整技术方案

13.4.1 控制原理

在蒸发冷却介质液体灌入定子密封腔体的过程中，随着液体不断进入，灌液面在不断升高，当没过被浸泡的发热器件后，灌液面到达了其应该处于的指定位置，此时操作人员应该停止灌液。在灌液面没有达到指定位置时，此处的腔体壁面是没有液体压力作用的，而一旦蒸发冷却介质液体到达这个位置，再浸过这个位置，则必然会对此处腔体壁面形成流体静压力。蒸发冷却介质液体灌入的过程是非常缓慢的，可以被认为是连续、均质的不可压缩平衡流体，其密度是恒定的，则该介质对密封腔体壁面指定位置的静压强，与该介质的密度及液面到腔体壁面指定位置之间的距离成正比，蒸发冷却介质液体的密度较大，一般比水的密度大 0.5 倍以上，所以其静压强较大，对应的静压力也较大，则有利于感知这种压力的存在。

电介质材料是自然界中一种不导电的绝缘材料，有些是天然的，有些是人工合成的。大部分的电介质材料只有在电场的作用下会产生极化现象，而在该电介质表面积累电荷，再配以合适的电极形成电容。但是某些电介质，如图 13-1 所示，平时显示电中性而不带电，如图 13-1（a）所示，当沿一定方向受到外力作用时，见图 13-1（b）、图 13-1（c），其内部会产生类极化现象，同时产生大量自由电子（负电性），失去电子的原子核为正电性，形成内部微弱电场，实验证明，在这个内部微弱电场的推动下，在介质的受力表面也会积累出足以检测出来的电荷数量。当外力消失时，由于原子核的吸引，自由电子将被重新拉回核结构中，此时电介质又恢复成不带电的电中性状态。这种现象就是压电效应，具备压电效应的电介质称为压电介质。压电介质可分为三类：① 石英晶体类，属于天然的单晶体，如图 13-1 所示；② 压电陶瓷，属于人工合成的多晶体；③ 高分子压电材料。这些均可以作为本章发明创造的压力敏感材料。

本章发明创造将蒸发冷却介质流经密封腔体壁面或者密封腔体内其他固定支撑物所产生的流体静压力，作为压电介质产生压电效应的外力，当该流体静压力作用在压电介质的表面时，根据压电效应原理，在压电介质的受力

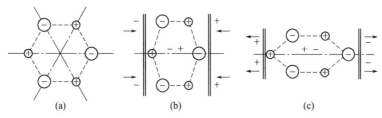

图 13-1　压电晶体产生压电效应的机理示意图

面产生适量的电荷，再将电荷信号转变为电压信号，然后将这个电压信号输出到密封腔体外部的一个电路中，控制某个声、光器件的开与关，来通知灌液人员密封腔体里面的灌液情况，进而实现对蒸发冷却定子密封腔体内灌液面的控制。

13.4.2　控制的实施过程

前已述及，目前现有的浸泡式蒸发冷却卧式电动机，采用视察窗结构来控制灌入定子密封腔体内的蒸发冷却介质液体的液面高度，但不适用于隔爆型电动机，下面以采用蒸发冷却技术的隔爆式异步电动机为具体例子，说明本章发明创造的详细过程。本章发明创造不仅适合于包括隔爆电机在内的蒸发冷却卧式电机，还适合于采用浸泡式蒸发冷却技术的其他电器设备。

图 10-6 为密封腔体经过优化设计后的大型隔爆式异步电动机的蒸发冷却定子示意图。由此图可见，定子侧的所有部件全都浸泡在蒸发冷却介质液体里，同时在灌液面上部要留出足够的蒸发空间，这时的灌液面所处的位置就是蒸发冷却介质灌入定子密封腔体的指定位置。由一定大小的压电介质配上适合尺寸的导电电极，构成了压电元件，如图 13-2 所示，当有外力 F 作用在压电元件的两个电极上，就会在电极表面产生电荷 Q，其关系为 $Q = dF$，d 为压电系数，这种压电元件可以在市场上购买到或者到厂家订制，为了得到足够大的电荷，应该选择压电系数大的压电元件。设压电元件外观的宽与厚分别是 a、b，如图 13-2 所示的宽与厚标识的尺寸位置。

据此，本发明叙述以下的工作步骤。

① 首先在蒸发冷却介质液体灌入定子密封腔体之前，设定灌液面的指定位置，在该指定位置上方的定子密封腔体壁面上或者腔体内其他的固体支撑物上放置一个图 13-2 所示的压电元件，使其沿宽度 a 方向的下端刚好与灌液面的指定位置重合，使其电极与灌液面垂直。然后，在该压电元件的附近再

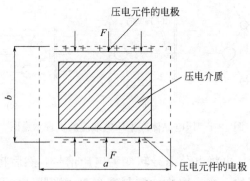

图 13-2　压电元件示意图

放置一个与之匹配的充电电容，两者按照图 13-3 所示的电路连接，当压电元件因为受到外力作用而在其电极上积累出电荷时，该电荷量 Q 经过导线传导到电容上，相当于给电容充电，设充电电容的电容量为 C，则该电容产生并输出充电电压 U，$U = \dfrac{Q}{C}$，即为该电路的输出电压。

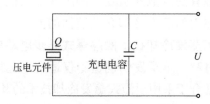

图 13-3　压电元件与电容连接的电路

② 图 13-3 中电路的输出电压信号 U，经过特定的无衰减的屏蔽导线沿着隔爆电动机内部其他引出线的路径，与其他引出线一起由防爆机壳上的接线盒引出到隔爆电动机的外部，再作为输入信号接到图 13-4 所示的控制电路中。图 13-4 表示的电路的工作原理是，功率器件 IGBT 是一种全控型场效应晶体管，可以作为全控型开关来使用，它有三个电极，用 G、S、D 表示，G 极是 IGBT 的控制极，用小的电压信号就可以驱动，S 极是源极，接直流电源的负极，D 极是漏极，接直流电源的正极，如果 G 极上有电压信号驱动，则 IGBT 导通，电路是通路，有电流流过灯泡而使其发亮，如果 G 极上无电压信号驱动，则 IGBT 截止，电路是断开的，灯泡熄灭。由压电元件上积累的电荷所产生的电压信号，一般是很小的，不足以使灯泡发亮，但可以驱动 IGBT 的控制极，所以本章发明采用图 13-4 所示的控制电路，将压电元件产生的电信号通过功率器件 IGBT 间接控制灯泡的发光与熄灭。

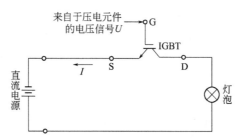

图 13-4　用来自于压电元件的电压信号控制功率器件开关的电路

③ 将蒸发冷却介质由定子密封腔体下底部的阀门缓缓灌入，见图 10-6，随着介质液体的不断缓慢进入，灌液面在慢慢升高，在这期间，在步骤①中固定好的压电元件是不带电的，即图 13-3 中的电荷量 Q 等于 0，则与之相连的充电电容的输出电压 U 等于 0。图 13-4 中的功率器件 IGBT 是截止的，图 13-4 中的电路是断开的，灯泡不亮。

④ 当进入定子密封腔体内的蒸发冷却介质液体没过整个定子时，其灌液面正好抵达步骤①中的指定位置，此时压电元件仍露在介质液体外，只是其下端与灌液面接触，还没有受到介质流体静压力的作用，随着介质液体继续灌入，灌液面开始接触压电元件，此时压电元件开始承受介质液体的流体静压力 F，压力的方向见图 13-5，出现压电效应，产生电荷量 Q，该电荷按照图 13-3 中的电路给电容充电，则该电路开始出现输出电压信号。

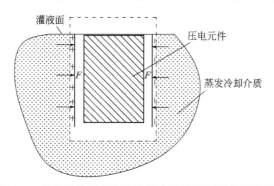

图 13-5　压电元件浸在蒸发冷却介质里受到压力的示意图

⑤ 开始时电荷量 Q 很小，电压信号 U 亦很小，不足以驱动隔爆型电动机外的功率器件 IGBT，随着灌液面的继续升高，当蒸发冷却介质液体完全没过压电元件，即灌液面的高度与步骤①中指定位置之间的距离大于压电元件的宽 a 后，则图 13-3 中的输出电压 U 已经足够大了，该电压信号能够驱动隔爆型电动机外的功率器件 IGBT，则图 13-4 中的电路由开路变为通路，灯泡此

时发亮。灌液人员见到灯泡发亮停止灌液。

⑥ 随后，灌液人员开始通过定子密封腔体下底部的阀门从腔体内往外倒出蒸发冷却介质液体，则定子密封腔体内的灌液面开始下降，当压电元件开始露出介质液面时，其上的流体静压力 F 开始减小，压电元件电极上的电荷开始减小，则图 13-3 中电路的输出电压减小，但只要还有电压信号，则隔爆型电动机外的功率器件 IGBT 仍然是导通的，即图 13-4 中的电路仍然是通路，灯泡依然是发亮状态。

⑦ 当蒸发冷却介质从定子密封腔体流出一定量，使得灌液面的高度刚好又回到步骤①中的指定位置时，压电元件完全露出了介质液体，其上不再有流体静压力 F，即 $F=0$，则压电元件电极上的电荷量也等于 0，图 13-3 中的输出电压信号为 0，此时隔爆型电动机外的功率器件 IGBT 因为没有电压驱动信号而重新截止，图 13-4 中的电路又恢复成断开状态，灯泡熄灭。灌液人员看到灯泡灭停止倒出介质。整个灌液控制过程结束。

13.5 密封腔体内灌液面控制方法的优势

本章发明创造针对蒸发冷却定子密封腔体，提供了一种新颖而简便的控制其内灌液面的方法，将能够实现以下的优势：

① 能够比较准确地控制住灌入密封腔体内的蒸发冷却介质液体的用量，既可以确保足够的蒸发空间，又可以节约价格十分昂贵的蒸发冷却介质。

② 灌液过程结束后，压电元件因为完全露出介质液面，又恢复成不带电状态，是绝缘体，电容同样也是处于不带电状态，这对于后面的电机运行过程不会有任何影响。

③ 解决了类似于隔爆型电动机机壳这样的结构，在采用蒸发冷却技术时，因为不能开视察窗孔而造成的无法控制灌液面的难题。

本章小结

本章提供的发明创造的创新之处在于：

① 利用压电元件的压电效应，将蒸发冷却密封腔体内的介质液体的压力作为压电元件的外作用力，用该作用力的出现与消失来控制介质灌液面的位置。

② 利用压电元件的压电效应,将其在受力状态下产生的电荷转化为驱动隔爆型电动机外的功率器件 IGBT 的电压信号。

③ 整个灌液控制过程。

参考文献

[1] 吴训一. 自动检测技术(上册)[M]. 北京:机械工业出版社,1981.

[2] 王洪业. 传感器技术 [M]. 长沙:湖南科学技术出版社,1985.

[3] 徐同举. 新型传感器基础 [M]. 北京:机械工业出版社,1987.

[4] 王文良. 石油计量及检测技术概论 [M]. 北京:石油工业出版社,2009.

[5] PCB 压电电子有限公司. 压电式压力传感器 [J]. 国外计量,1992(3):34-35.

[6] 肖富凯,栾茹. 蒸发冷却密封腔体内冷却介质液面控制方法及系统:CN,102594025 B.

第14章

新型隔爆电动机在工业驱动领域中的应用

经过前述十三个章节的研究过程，根据所取得的研究结论与成果，按照第4章4.2节中所列的电动机主要参数，一台蒸发冷却隔爆电动机样机设计成功。

14.1 新型隔爆电动机样机

该样机的最终设计结果与表4-1基本接近，出于保护制造企业的知识产权，本书不便列出实际的设计结果。下面给出该样机的效果图，图14-1为该样机（除了转子部分）的外观结构图；图14-2为采用浸泡式蒸发冷却定子结构后，冷凝器与隔爆电动机机身外壳配合的效果图；图14-3为蒸发冷却定子密封腔体与隔爆电动机机身装配后的效果图，该图的上部密封的是电动机内的冷凝器，中下部是定子密封腔体；图14-4为该样机的剖视图，可以看到密封定子的绝缘套筒以及套筒与侧壁的连接效果；图14-5为该样机内的冷凝管道与机壳、铁芯固定件之间的相互位置关系与配合效果。可以看出该样机整体紧凑、结构布置合理、美观、电动机内的空间与材料利用率高。

图 14-1　样机（除了转子部分）的总体结构图

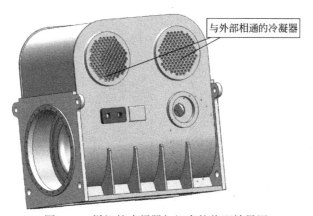

与外部相通的冷凝器

图 14-2　样机的冷凝器与机壳的装配效果图

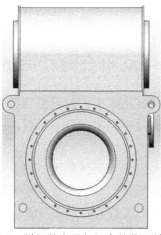

图 14-3　样机的定子与机身的装配效果图

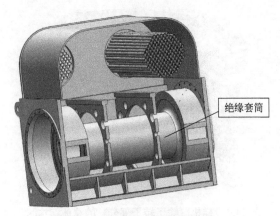

图 14-4　样机内部结构剖视图一

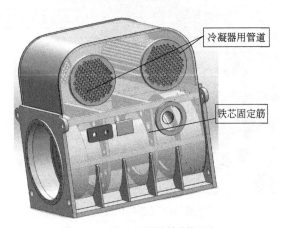

图 14-5　样机内部结构剖视图二

14.2　新型隔爆电动机在驱动冶炼鼓风机中的应用

　　冶炼车间的鼓风机是保证冶炼工艺的重要设备，要求该鼓风机可靠稳定运行，在整个运行期间，需要根据工况调节风量，进而要不断调节风机的转速，以保证工艺要求。

　　原来常规结构的隔爆电动机，因体积大、强力风扇的噪声大，如图 14-6 所示，当某台驱动鼓风机的隔爆电动机出现调速异常时，只能靠比较其与正常运行的鼓风机监测仪表盘上读数的差异来判断，如图 14-7 所示，导致监测手段很单一，且常规隔爆电动机的启动很缓慢。

图 14-6　冶炼用鼓风机及其驱动系统

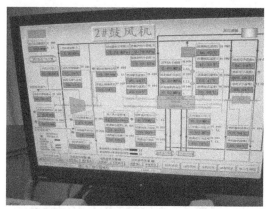

(a) 不同编号的鼓风机及其隔爆电动机监测仪表之一

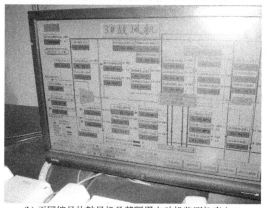

(b) 不同编号的鼓风机及其隔爆电动机监测仪表之二

图 14-7　监测鼓风机驱动系统的仪表

现在采用图 14-1 所示的样机式隔爆电动机，不但启动转矩增大了，加速启动过程，而且由于去掉了造成很大噪声的强力风扇，还可以通过监测蒸发冷却隔爆电动机运行过程中的声音来判断是否出现鼓风机驱动异常，这可以作为图 14-7 中仪表监测的辅助手段，能够快速、准确、及时发现故障并清除故障，不仅如此，图 14-6 中的驱动系统，包括鼓风机、隔爆电动机和控制其转速的变频装置，因长期浸置在粉尘极大的冶炼车间，需要定期检测、维护这些设备，由于蒸发冷却隔爆电动机的体积小、占地小，便于拆装、调试与检修，方便了工程技术人员每年定期的维护与安装工作，如图 14-8 所示。

图 14-8　鼓风机驱动系统的安装

14.3　新型隔爆电动机在矿山机械中的应用

在当今的露天矿山工地上，进行运输、挖掘、装载等作业操作的大型机械包括大型挖掘机、大型矿车、大型机械斗，如图 14-9～图 14-11 所示，这些机械设备构成了整个露天矿山采矿、装卸、运输一整套作业的体系，缺一不可，如图 14-12 所示。

按照我国矿山作业标准，这些大型机械设备的额定载荷达到 363 公吨（1公吨＝1t，下同）/ 400 短吨（1 短吨＝907.185kg，下同）数量级，装载后车辆总重达到 600 公吨 / 660 短吨，如此重量级装备，要求的合理重量分布是，车的前半部分占总重量的 33％，车的后半部分占总重量的 67％，而车的前半部分主要是驱动系统与驾驶系统，车的后半部分是从动系统与载荷。对于几百吨位级的运输负荷，仅靠燃油发动机及液压传动系统难以满足所要求的输

图 14-9　大型挖掘机

图 14-10　大型矿车

图 14-11　大型机械斗

图 14-12　露天矿工地施工作业场景图

出性能指标，目前，像图 14-9～图 14-11 这样的大型机械设备全部采用电力驱动，依靠电动机及其控制部分构成整个驱动系统。常规的驱动用隔爆电动机，不仅噪声大、启动力矩欠缺，而且关键是体积非常大，要占用车体前半部分的很大空间，为此，工程技术人员不得不改变原来的设计方案，将电动机驱动系统分成两部分，相应地设计出两套驱动系统，将一个大功率隔爆电动机一分为二，采用两个中小功率的隔爆电动机，以减小其单个的大体积空间，由此构成的一套较大驱动系统装配在车体的前半部分，另一套较小驱动系统装配在车体的后半部分，但是按照前述的重量分配规则，因为有第二套驱动系统装在车体的后半部分而占用了一定的重量与空间，那么车体后半部分的载荷量必然要减小一些，致使整体载荷量要比燃油发动机驱动系统有所减小。

蒸发冷却隔爆电动机不存在要用两套驱动系统这样的问题，经过前十三章的研究论证与优化设计，蒸发冷却隔爆电动机比常规结构隔爆电动机的体积减小了 44.8%，接近原常规结构体积的一半，且低噪声、大启动转矩、具备一定的过载能力，完全可以用单台大功率蒸发冷却隔爆电动机构成的驱动系统装配在车体的前半部分，承担起整车驱动任务，保证整车的载荷量达标，并且，由于蒸发冷却隔爆电动机的重量是常规结构的 70%，见第 4 章的设计结果，则节省下来的重量完全可以转化成车体载荷量，所以，由蒸发冷却隔爆电动机驱动的整车载荷量不仅达标甚至可以超标作业运行。

因此，本书推出的新型隔爆电动机带动了整个矿山机械驱动系统的转型升级，为我国大型装备制造业的创新发展、为创新强国做了一些工作，尽了科技工作者应尽的责任与义务。